MATH

하루 한 권, **수학 챌린지**

조 지음

원지원 옮김

수포자도 가볍게 풀 수 있는 문장제와 도형 문제

마지 슈조

1950년 출생. 수학 전문 학원인 〈피타고라스〉의 대표를 맡고 있다. 여러 해 동안 아이들을 대상으로 수학을 지도했다. 학교나 대형학원 수업에 따라가지 못했던 아이들까지도 지망 학교에 합격시키며 많은 경험을 쌓았다. 이러한 노하우를 바탕으로 수학, 산수 정복법을 다수의 책에 소개했으며 아이들뿐만 아니라 학부모나 일반 성인들에게도 호평을 얻었다. 저서로는 『小学校6年間の算数が6時間でわかる本 초등 6년 산수, 6시간만에 끝내기』와 『中学3年間の数学を8時間でやり直す本 중등 3년 과정 수학, 8시간만에 마스터하기』〈PHP研究所〉, 『見るだけでストン！と頭に入る中学数学 이해 쏙쏙 중학교 수학』〈青春出版社〉 등이 있다.

우리는 매일 조금씩 뛰거나 걷는 것만으로도 어느 정도의 기초 체력을 유지할 수 있습니다. 하지만 이따금 걷는 코스를 바꾸거나, 새로운 조깅법을 찾거나, 스포츠 경기에 출전하는 이벤트가 없다면 운동에 대한 보람을 느끼기 어렵습니다.

수학도 마찬가지입니다. 단순 계산 문제만 계속 풀다 보면 점점 흥미가 떨어져 질리게 됩니다. 이럴 때는 문장제와 도형 문제에 도전해 보면 어떨까요? 아마도 머리가 맑아지는 느낌이 들거나, 지적인 즐거움을 얻기에 안성맞춤일 겁니다.

물론 '문제가 술술 풀릴 때나 그렇겠지'라며 반문하는 사람도 있겠지요. 틀린 말은 아닙니다. 아이나 어른이나 '수학에 재미를 느끼는 순간'은 명확하니까요. 문제를 풀거나 이해할 수 있으면 재미있고, 그렇지 않으면 재미없는 것은 절대 불변의 법칙입니다.

초등학교에서 배운 간단한 계산법을 떠올려 볼까요? 초등 수학은 쉽기 때문에 실수하거나 싫증 내는 한이 있다고 하더라도 '손도 못 대는 일'은 드뭅니다.

하지만 중학교 수학부터는 다릅니다. 어른들도 어떻게 풀지 몰라서 난

감한 문제가 많습니다. 많은 사람이 여기서 좌절합니다. 산수가 수학으로 바뀌는 순간 대부분 수학에 대한 흥미를 잃습니다.

까마득히 잊고 살던 수학에 오랜만에 도전했더니 중학교 수준의 수학 문제가 술술 풀린다면 어떨까요? 수학에 대한 거부감이 줄어듦과 동시에, 오히려 너무 재미있어서 멈출 수 없게 되지 않을까요? 이 책은 여러분께 그러한 경험을 드릴 것입니다.

총 스물일곱 개의 테마 중 각 첫 번째 문제는 잠시 생각한 뒤 풀이법을 보시면 됩니다. 두 번째 문제부터는 가볍게 도전할 수 있는 형태로 구성했습니다. 막힘없이 술술, 게임처럼 즐길 수 있으리라 생각됩니다.

또한, 직관적으로 이해할 수 있도록 최대한 그림을 많이 넣어 설명했습니다. 요령 있게 수학적 논리를 펼치는 방법이나 그림을 활용한 풀이법을 익혀 보세요. 나중에는 새로운 유형의 문제도 막힘없이 척척 푸는 자신을 발견할 수 있을 겁니다. 그 시작으로 책의 맨 끝에 '깜짝 챌린지' 코너도 마련했으니 기대해 주세요.

주로 숫자나 도형의 기본 성질을 이용해 풀 수 있는 문제들로 출제했습니다. 어려운 공식은 사용하지 않았습니다. 다만, '모르는 수'를 표현하는 기호는 초등학교 교과서에서나 볼 법한 □를 사용하는 대신 여러분께 익숙할 x를 주로 사용했습니다.

엄밀히 말해 □와 x는 다르지만, 이 책에서는 같은 것으로 간주해도 좋습니다. 이와 더불어 x를 사용하는 일반적인 수식처럼 곱셈을 뜻하는 '×'를 생략하거나 나누기를 뜻하는 '÷'를 모두 분수로 나타내지도 않았습니다.

스마트폰으로 인해 사고력이 떨어진 것 같다고 생각했던 분들께는 두뇌를 운동시킬 수 있는 좋은 기회가 될 것입니다. 산수와 수학 사이를 오가며 하루에 한 테마씩 틈틈이 풀다 보면 한 달 후, 문득 예전처럼 머리가 맑아졌음을 실감할 수 있지 않을까요? 그런 기분을 느끼셨다면 저 역시도 더없이 기쁠 것입니다.

마지 슈조

하루 한 권, 수학 챌린지

수포자도 가볍게 풀 수 있는 문장제와 도형 문제

다음 세 개의 식이 성립할 때,
○에 들어갈 숫자는?

○ + □ = 33

♥ + ♥ = 18

□ + ♥ = 24

풀이

무엇이든 쉬운 문제부터 순서대로 풀어나가는 것이 원칙입니다. 이 문제에
서는 「♥ = 18 ÷ 2 = 9」가 첫 단서이지요.

그다음부터는 □ = 24 - 9 = 15, ○ = 33 - 15 = 18 처럼, 차례차례 답을 구할 수 있습니다.

정답 18

1

삼각형의 외각

x의 각도는?

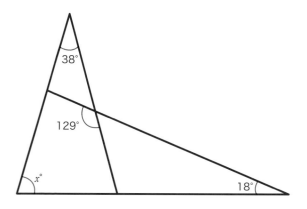

힌트

각도의 합계에 주목하자!

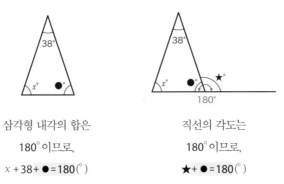

삼각형 내각의 합은
180°이므로,

$x + 38 + ● = 180(°)$

직선의 각도는
180°이므로,

$★ + ● = 180(°)$

위의 두 식을 비교해 보면 $x + 38 = ★$임을 알 수 있습니다. 따라서 ★에 들어갈 숫자를 알면 x도 구할 수 있겠지요.

이제 아래 그림의 파란색 삼각형에 주목해 볼까요?

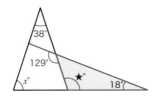

처음에 주목한 삼각형과 마찬가지로 $★ + 18 = 129(°)$이므로

$★ = 129 - 18$

$= 111(°)$

이제 $x + 38$이 111과 같다는 것을 알았기 때문에

$x = 111 - 38$

$= 73(°)$

정답 73°

x의 각도는?

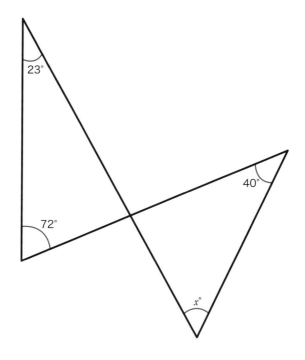

앞의 문제를 통해 오른쪽 그림에서 ■+▲=★이 된다는 사실을 알 수 있었습니다. 여기서 ★의 각은 '외각'이라고 부릅니다. 이 문제도 외각에서 실마리를 찾을 수 있습니다.

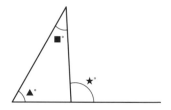

먼저 그림 왼쪽에 있는 파란색 삼각형을 볼까요?

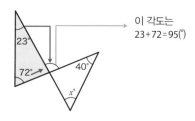

이 각도는
23+72=95(°)

다음으로 아래 그림의 연두색 삼각형에 주목해 봅시다.

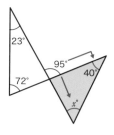

$x+40=95(°)$이므로

$x=95-40$

$=55(°)$

정답 55°

x의 각도는?

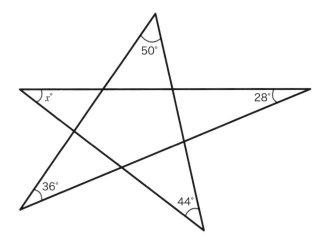

우선 아래 그림의 파란색 삼각형에 주목해 봅시다.

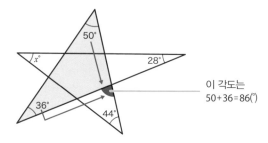

이 각도는
$50 + 36 = 86(^{\circ})$

다음으로 아래 그림의 연두색 삼각형에 주목해 봅시다.

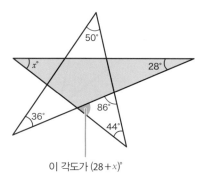

이 각도가 $(28 + x)^{\circ}$

삼각형의 내각의 합은 180° 이므로

$$(28 + x) + 44 + 86 = 180$$
$$x = 180 - 28 - 44 - 86$$
$$= 22(^{\circ})$$

정답 22˚

2

분배산과 합차산

35,000원을 A씨와 B씨가 나눠 가졌다.

35,000원

A씨   B씨

A씨의 몫은 B씨 몫의 4배보다 5,000원 많다.
B씨는 얼마를 받았을까?

5000

A씨   B씨

이 문제는 '4배', '5,000원 많다'라는 정보를 함께 줬다는 점이 흥미롭습니다. 이러한 계산 방식은 '분배산'이라 부르는데, 아래 그림처럼 선분으로 나타내면 의외로 간단합니다.

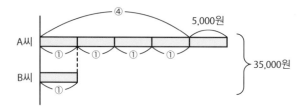

단, 5,000원이라는 부분이 거슬리니 잘라냅시다.

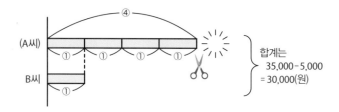

이로써 두 사람의 계산이 깔끔해졌습니다. B씨가 받은 돈의 5배가 30,000원이므로, B씨의 몫은

30,000÷5=6,000(원)

정답 6,000원

둘레의 길이가 **50cm**인 직사각형이 있다.
세로 길이는 가로 길이보다 **3cm** 길다.
이 직사각형의 면적은?

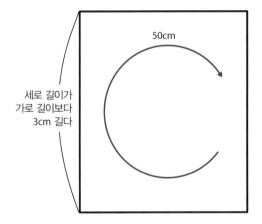

50cm

세로 길이가
가로 길이보다
3cm 길다

직사각형은 가로와 세로, 각각 두 개의 선으로 이루어져 있습니다. 그래서 둘레의 길이를 반으로 나누면 '가로+세로' 길이가 됩니다. 즉 가로와 세로의 길이의 합계는

$50 \div 2 = 25(\text{cm})$

입니다. 선분으로 나타내 볼까요?

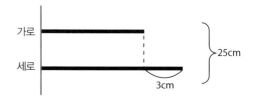

앞의 문제보다 간단합니다. 이러한 계산 방식을 '합차산'이라고 부르지요. 이제 여분의 3cm를 잘라내 봅시다.

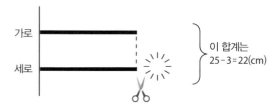

가로 길이는 $22 \div 2 = 11(\text{cm})$입니다. 세로는 이보다 3cm 길기 때문에 $11 + 3 = 14(\text{cm})$. 따라서 면적은

$11 \times 14 = 154(\text{cm}^2)$

정답 154cm^2

빨강, 파랑, 노랑
색이 다른 세 개의 테이프가 있다.
빨강은 파랑보다 15cm 짧고
노랑은 빨강보다 30cm 길며,
파랑과 노랑을 합친 길이는 315cm이다.
빨간색 테이프는 몇 cm일까?

일단 선분으로 나타내 봅시다.

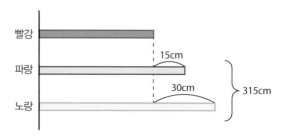

이번에도 여분의 15cm, 30cm 부분을 잘라냅시다.

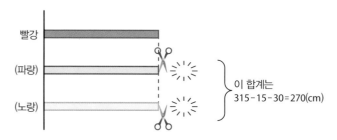

위 그림을 보면 쉽게 알 수 있습니다. 빨간색 테이프는

$$270 \div 2 = 135 (cm)$$

정답 135cm

만약 이 문제에서 빨강이 아닌 노란색 테이프의 길이를 물어봤다면, 파랑과 노랑을 비교해서 파란색 테이프에 부족한 30-15=15(cm)를 더해 간단히 계산할 수 있습니다.

3

면적은 '줄줄이 사탕'처럼

직사각형으로 이루어진 도형이 있다.
■의 면적은?

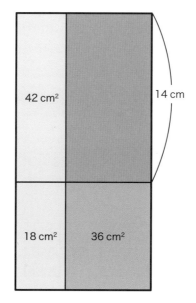

아는 것부터 차례대로 그림에 써넣어 보자!

'직사각형의 면적＝가로 길이×세로 길이'이므로, 면적과 더불어 가로 또는 세로의 길이를 알면 다른 한쪽의 길이도 쉽게 구할 수 있다. 예를 들어 아래 왼쪽 그림의 경우 이 공식에 맞춰 계산해 오른쪽 그림처럼 써넣으면 된다.

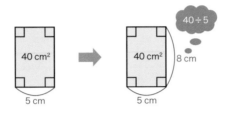

자, 이제 세로의 길이를 알아냈으니 그 다음은 간단하다. 가로와 세로가 반대거나, 길이나 면적이 바뀌어도 기본 원칙은 같기 때문이다.

그 외에 서로 비교해 길이를 알아낼 수도 있다. 아래 그림을 보자. 세로 길이가 같으므로 면적이 두 배일 때는 가로 길이도 두 배가 된다.

면적 문제를 풀 때 높이나 폭이 같은 모양이 눈에 띈다면, 단서가 있을지도 모르니 유심히 살펴보자.

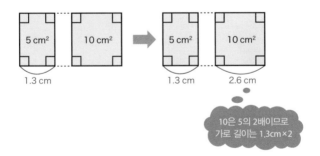

처음에는 주어진 단서가 적다고 느낄지도 모릅니다. 하지만 그림을 자세히 보면 바로 옆 직사각형의 세로 길이도 **14cm**임을 알 수 있습니다. 그 길이를 힌트로 삼지 않아도 다른 변들의 길이를 구할 수 있을 때는 이 과정을 생략해도 좋습니다.

이처럼 차례차례 아는 것을 적다 보면 답이 줄줄이 사탕처럼 엮여 나옵니다.

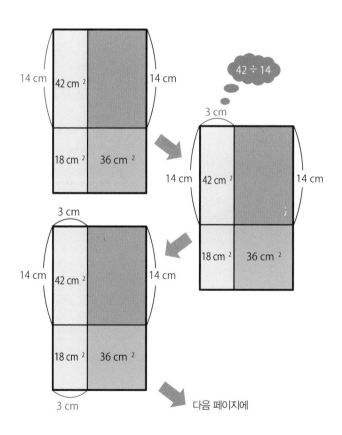

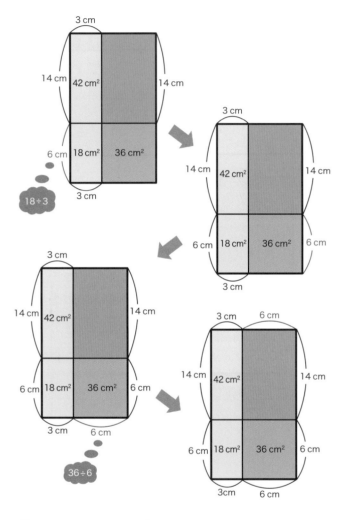

■의 면적은 14×6 = 84(cm²)

정답 84cm²

직사각형으로 이루어진 도형이 있다.

■의 면적은?

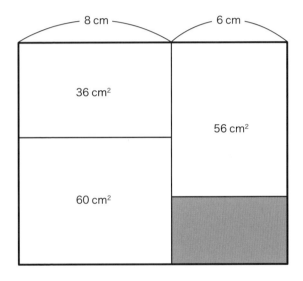

앞의 문제처럼 하나씩 써보는 것도 좋지만, 세로 길이가 같은 직사각형에 주목하면 더 간단하게 풀 수 있습니다. 아래 그림에서는 연두색, 파란색 테두리의 직사각형이 이에 해당하겠군요!

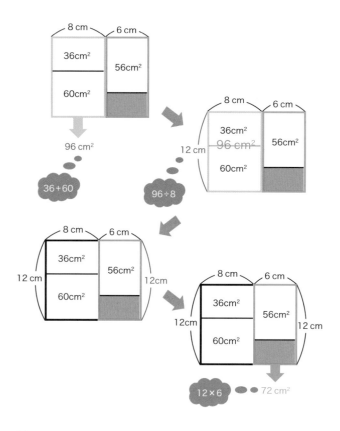

■의 면적은 $72 - 56 = 16(\text{cm}^2)$

정답 16cm²

정답 **16cm²**

직사각형으로 이루어진 도형이 있다.

의 면적은?

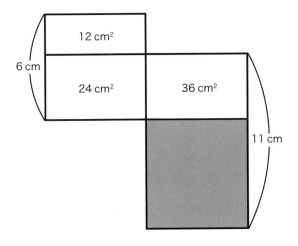

이번에도 아는 것부터 차례차례 적어 봅시다.

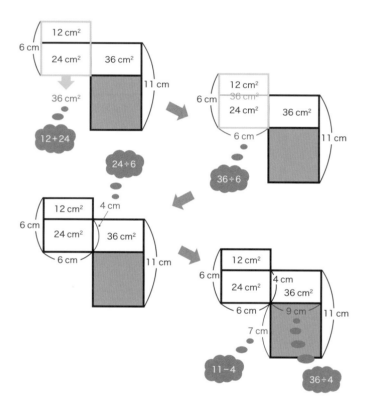

■ 의 면적은 7×9 = 63(cm²)입니다. 이 문제는 위의 방법으로 풀 수도 있지만, 면적의 비(p.22)를 고려해 푸는 방법도 있습니다.

정답 63cm²

4

충식산

□에 들어갈 숫자는 무엇일까?

```
        □ □
    ×   □ □
    ─────────
      1 1 □
    □ □ □
    ─────────
    □ 2 □ 1
```

힌트

어디부터 손을 대면 좋을지 생각해 보자.

'충식산虫食算'은 벌레 먹은 셈이라는 의미다. 단서가 적어 풀기가 까다로워 보인다. 하지만 이 문제처럼 곱셈 또는 나눗셈의 충식산은 사실 힌트가 없다는 점이 힌트다. 아래의 순서대로 접근해 보면 쉽게 풀 수 있다.

① 바로 알 수 있는 것을 써넣는다
② 소수로 나누어지는지 확인한다
③ 1, 2, 3… 등, 순서대로 대입해 본다

②에서 소수素數란 2, 3, 5, 7, 11, 13…처럼 1과 자기 자신만으로 나누어떨어지는 2 이상의 수를 말한다.

예를 들어 정답이 4라면 4÷2=2로, 6이라면 6÷2=3으로 나뉘므로 소수가 아니다. 참고로 이는 '정수整數'일 때의 이야기이고, 분수나 소수 등에 대해서는 고려하지 않는다.

만약 충식산에서 A와 B를 곱해 91이 되었다고 하면, 91을 소수, 즉 2, 3, 5, 7로 나누어본다. 그러면 소수 7로 나뉘어 91=7×13임을 알 수 있다.

이러한 계산법이 충식산을 푸는 열쇠가 되는 경우가 많다. 소수 외의 수를 건너뛰고 효율적으로 차례차례 체크해 나갈 수 있기 때문이다. 다만 작은 소수, 예를 들어 2로 나눠질 경우 또 한 번이나 두 번, 2로 나눌 수 없는지 확인하는 편이 좋다. 실수를 줄일 수 있기 때문이다.

③은 차근차근 우직하게 공략하는 방법이다. 실마리가 없을 때 쓸 수 있는 마지막 수단이다.

그럼 위에서 설명한 세 가지 순서로 문제에 도전해 보자.

우선 바로 알 수 있는 것을 써넣습니다.

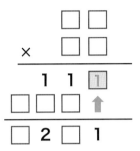

다음으로는 소수로 나누어지는지 확인합니다. 111은 가장 작은 소수인 2로는 나눌 수 없고, 다음 소수인 3으로 나눌 수 있습니다.

111=3×37이 되며, 다른 수로는 나누어떨어지지 않겠지요? 그렇다면 3과 37을 적습니다.

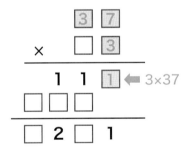

이제 아래의 □만 구하면 풀이는 끝입니다.

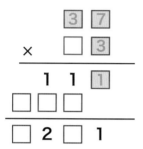

마지막으로 1, 2, 3… 등 순서대로 대입해 봅시다. 1과 2로는 금세 막히고, 3을 대입해 보면 잘 풀리는군요.

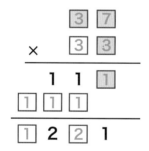

□에 들어갈 숫자는 무엇일까?

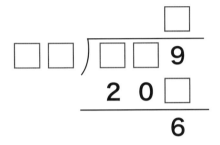

우선 바로 알 수 있는 것부터 써넣어 봅시다. 1의 자리부터 확인해 세 개의 □를 구할 수 있습니다.

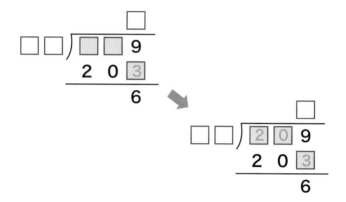

다음으로는 소수로 나누어지는지 확인합니다. 203을 2, 3…등의 소수로 차례차례 시도해 보면 7로 나누어짐을 알 수 있습니다. 203=7×29로 딱 떨어지는군요!

□에 들어갈 숫자는 무엇일까?

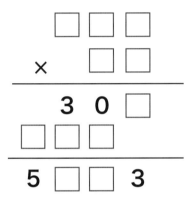

이번에도 바로 알 수 있는 것부터 써넣습니다.

다음으로는 303을 소수로 나눌 수 있는지 확인합니다. 2로는 불가능하고, 3으로 나누어지는군요. 303＝3×101입니다.

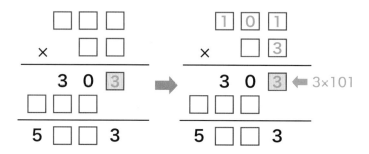

이어서 아래의 □에 1, 2, 3…등, 차례차례 대입해 봅니다. 또는 아래의 몫을 슬쩍 보고 5부터 맞추어 계산하면 더 편하게 계산할 수 있습니다.

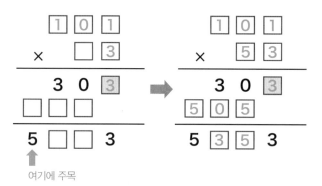

여기에 주목

5

학구산

학과 거북이 총 12마리 있다.
다리의 개수는 전부 합쳐 40개.
학과 거북은 각각 몇 마리일까?

힌트

연립방정식을 세우지 않아도 풀 수 있다.
둘의 차이점은, 거북에게는 앞다리도 있다는 점!
(위 그림에서는 앞다리에 장갑을 끼워 구별했다)

이러한 계산법을 '학구산鶴龜算'이라고 부릅니다. '만약 전부 학(혹은 거북)이었다면'이라고 생각하는 방법이 일반적이지만, 학과 거북의 차이를 파악해 두면 따로 가설을 세우지 않아도 풀 수 있습니다.

학은 뒷다리 2개, 거북은 뒷다리 2개와 앞다리 2개, 거북과 학의 합이 총 12마리라는 정보를 통해 뒷다리의 합계를 쉽게 구할 수 있습니다. 이를 전체 다리 수에서 빼면 거북의 앞다리 부분만 남아, 몇 마리인지 계산할 수 있습니다. 머릿속에 이미지가 쉽게 그려지지 않을 수도 있으니, 이들의 뒷다리를 신발, 앞다리를 장갑으로 나타내 그림으로 정리해 봅시다.

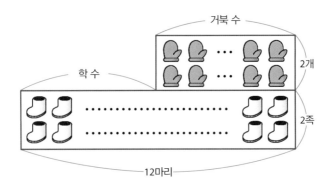

신발은 모두 있으므로 2×12=24(족). 신발과 장갑의 합계가 40이므로 장갑은 40-24=16(개). 장갑은 거북만 두 개씩 사용하기 때문에, 거북은 16÷2=8(마리). 따라서 학은 12-8=4(마리)입니다.

정답 학 4마리, 거북 8마리

3인용 테이블에는 어른 3명,
5인용 테이블에는 어른 3명과
어린이 2명이 앉을 수 있다.
테이블은 총 20개가 있고,
70명이 앉아 만석이 되었다.
5인용 테이블은 몇 개일까?

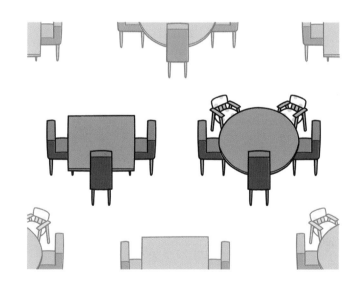

이 문제도 학구산으로 풀 수 있습니다. 두 종류의 테이블이 가진 차이점은 어린이용 의자 2개의 유무입니다. 각각의 테이블에 사용하는 어른용 의자와 어린이용 의자를 이미지로 표현하면 아래 그림과 같습니다.

어른 3명   어른 3명과 어린이 2명

이 의자들은 총 70개로 테이블 20개분에 해당합니다. 그렇다면 모든 의자를 나열해 볼까요?

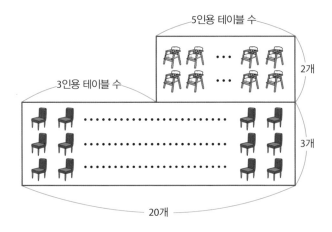

이렇게 이미지로 만들어 보면 20×3=60(명)으로, 어른의 수를 구할 수 있습니다. 어른과 어린이의 합계가 70명이므로, 어린이는 70-60=10(명)이 되겠지요. 따라서 5인용 테이블은 10÷2=5(개)입니다.

정답 5개

마트에서 1,000원짜리 과자 몇 개를
카트에 담고,
1,500원짜리 과자도 사기로 했다.

1,000원짜리 과자

1,500원짜리 과자

과자는 총 10개이며 11,500원을 냈다.
각각 몇 개를 샀을까?

문제가 조금 어려워졌지요? 여기서도 역시 둘의 차이점에 주목해 봅시다. 차이점은 바로 가격입니다. 아래 그림과 같이 바꿔 보면 이해하기 쉬울 겁니다.

과자 10개의 총 금액은 11,500원입니다. 사용한 돈을 나열해 볼까요? 지금까지 풀어본 학구산 문제와 풀이는 동일합니다.

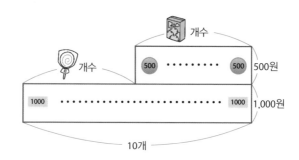

1,000원권의 총 금액은 1,000×10=10,000(원)입니다. 여기에 500원짜리 동전의 합계 금액을 더하면 11,500원이 되지요. 그러므로 500원짜리 동전의 총 금액은 11,500-10,000=1,500(원)입니다.

따라서 1,500원짜리 과자는 1,500÷500=3(개), 1,000원짜리 과자는 10-3=7(개)입니다.

정답 1,500원짜리 과자 3개, 1,000원짜리 과자 7개

6

통과산

길이가 120m인 열차가
880m의 터널을 통과한다.

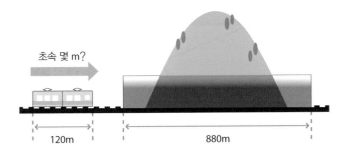

초속 몇 m?

120m

880m

터널에 진입하는 순간부터 빠져나가기까지 **40초**가 걸렸다.
이 열차는 초속 몇 m로 달리고 있었을까?

힌트

초속은 '1초 동안 이동한 거리'를 나타낸다.
예를 들어 3초 동안 9m를 이동한다면, 초속은 9÷3 = 3(m)이다.

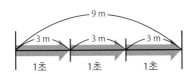

9 m

3 m 3 m 3 m

1초 1초 1초

이와 같은 계산법을 '통과산通過算'이라 부릅니다. 이런 문제를 풀 때는 열차의 길이에 현혹되기 마련이지요. 하지만 맨 앞칸 운전석의 기관사를 상상하면 의외로 간단하게 풀립니다.

들어갈 때

나올 때

정리해 보면 아래 그림과 같습니다.

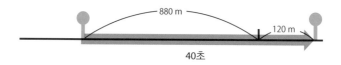

880 m

120 m

40초

(880+120)m를 40초 만에 통과했음을 알 수 있습니다. 따라서 초속은

$$(880+120) \div 40 = 25(m)$$

정답 초속 25m

150m 길이의 열차가

초속 25m로 터널을 통과한다.

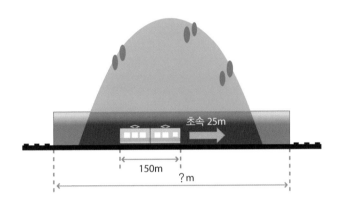

열차 전체가 터널 안에 있었던 시간은 30초였다.

터널의 길이는 몇 m일까?

열차 전체가 터널 안에 있다는 것은 아래 첫 번째 그림에서 두 번째 그림이 되기까지의 상태를 의미합니다.

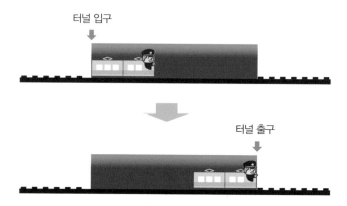

정리해 보면 아래 그림과 같습니다.

따라서 터널의 길이는

$$150 + 25 \times 30 = 900(\text{m})$$

정답 900m

아이가 선로 옆에 서서
320m 길이의 열차가 지나가는 것을 보았다.

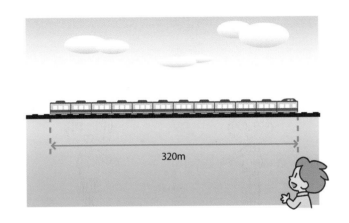

320m

열차가 아이 앞을 지나갈 때
소요된 시간은 총 16초다.
이 열차는 초속 몇 m로 달리고 있었을까?
열차에 비하면 아이는 매우 작으므로
아이 몸의 폭은 고려하지 않는다.

'아이 몸의 폭을 고려하지 않는다'는 문장은 사실 하나의 힌트가 될 수 있습니다. 아이에게 너무 주목하지 말고, 기관사가 탄 열차의 머리 부분이 어떻게 되었을지 생각해 봅시다.

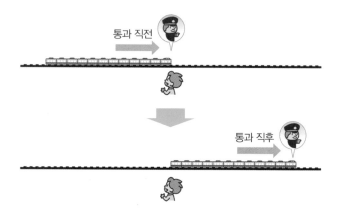

정리해 보면 아래 그림과 같습니다.

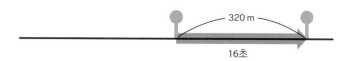

따라서 열차의 초속은 320÷16 = 20(m)입니다.

정답 초속 20m

7

복잡한 면적 문제

파란색 부분의 면적은?

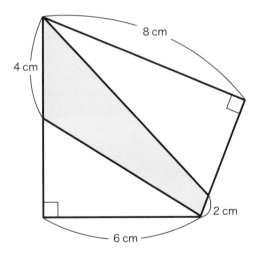

힌트

선을 추가로 그리면 쉽게 알아낼 수 있을 거야!

복잡한 도형의 면적을 구하는 문제를 푸는 방식은 여러가지다. 먼저 두 가지 패턴의 접근법을 살펴보자.

패턴1 몇 부분으로 나누기

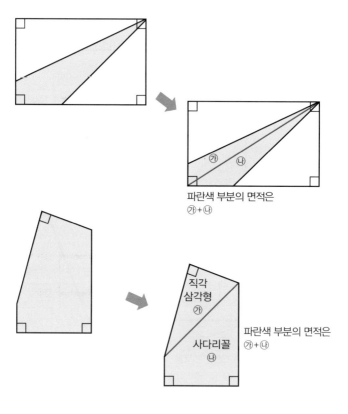

파란색 부분의 면적은
㉮+㉯

직각
삼각형
㉮

사다리꼴
㉯

파란색 부분의 면적은
㉮+㉯

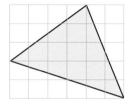

전체가 사다리꼴이 되도록 주변을 더함

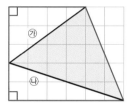

파란색 부분의 면적은
빨간색 테두리 사다리꼴의
면적–㉮–㉯

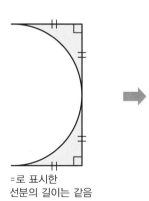

=로 표시한
선분의 길이는 같음

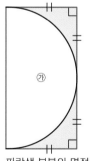

파란색 부분의 면적은
빨간색 테두리 직사각형의
면적–㉮

다시 문제로 돌아와 볼까요? 이 문제는 '도형을 몇 부분으로 나누는' 첫 번째 풀이 패턴으로 접근할 수 있습니다. 아래 그림처럼 빨간 선(보조선)을 그어 나누어 봅시다.

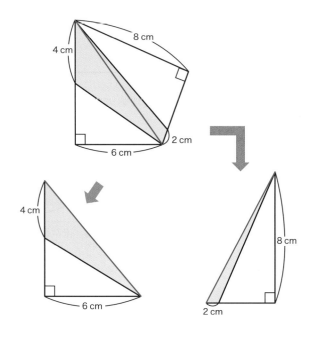

삼각형의 면적은 '밑변×높이÷2'이므로, 구하는 면적은

$$(4×6÷2) + (2×8÷2) = 12 + 8$$
$$= 20(\text{cm}^2)$$

정답 **20cm²**

파란색 부분의 면적은?

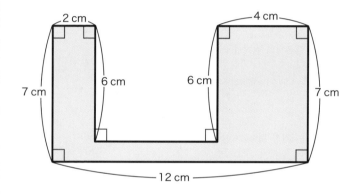

이 문제는 두 가지 풀이 패턴을 모두 적용할 수 있습니다. 먼저 몇 부분으로 나누어 봅시다.

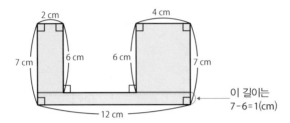

직사각형 3개의 면적을 더합니다.

$$(6 \times 2) + (1 \times 12) + (6 \times 4) = 12 + 12 + 24$$
$$= 48 (\text{cm}^2)$$

이번에는 더한 뒤 빼는 방식으로 풀어 볼까요?

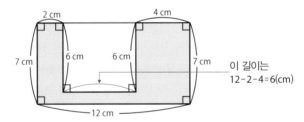

큰 직사각형 면적에서 정사각형 면적을 빼면

$$(7 \times 12) - (6 \times 6) = 84 - 36$$
$$= 48 (\text{cm}^2)$$

답은 같지만 두 번째 식이 더 간단하군요!

정답 48cm²

파란색 부분의 면적은?

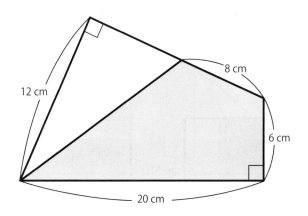

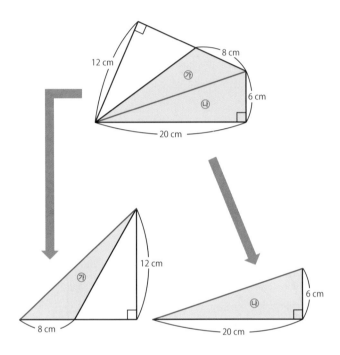

이번 문제는 도형을 나누는 방식으로 손쉽게 풀 수 있습니다.

파란색 부분의 면적은

$$⑦ + ④ = (8 \times 12 \div 2) + (6 \times 20 \div 2)$$
$$= 48 + 60$$
$$= 108 \, (\text{cm}^2)$$

정답 108cm²

파란색 부분의 면적은?

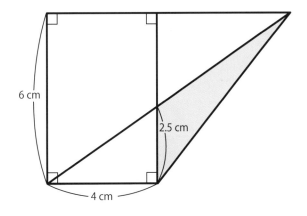

6 cm

2.5 cm

4 cm

바로 면적을 구할 수 있는 부분에 주목해 볼까요? 이 문제에는 더한 뒤 빼는 패턴이 더 적합합니다.

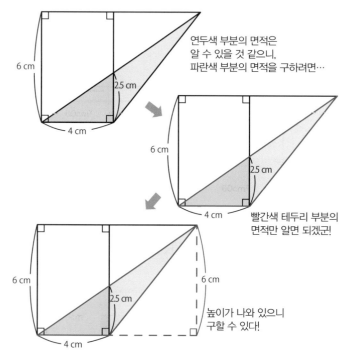

연두색 부분의 면적은
알 수 있을 것 같으니,
파란색 부분의 면적을 구하려면…

빨간색 테두리 부분의
면적만 알면 되겠군!

높이가 나와 있으니
구할 수 있다!

파란색 면적=빨간색 테두리 면적−연두색 면적

= (4×6÷2) − (4×2.5÷2)

= 12 − 5

= 7 (cm²)

정답 7cm²

8

뉴튼산

A군의 지갑에는 260,000원이 있다.

260,000원

오늘부터 아르바이트로 하루에 40,000원을 벌면서,
하루에 60,000원을 쓴다고 가정해 보자.

40,000원

60,000원

오늘이 1일차라고 했을 때
지갑의 돈이 떨어지는 것은 언제일까?

　이러한 계산법은 '뉴튼산Newton算'이라 부릅니다. 과학자 뉴튼이 대학 교수로 있었을 때, 그의 강의 노트에 적혀 있던 문제에서 유래했습니다. 그 문제는 '풀이 자라는 목장에서 소가 몇 마리 있으면 일정 기간 이후 풀을 다 먹을 것인가'를 구하는 것이었습니다.

　다시 문제로 돌아가 봅시다. 지갑의 돈이 하루에

60,000원 - 40,000원 = 20,000원

20,000원씩 줄어든다고 생각해 볼까요?

40,000원 들어온다　　　60,000원 나간다

총 20,000원 줄어든다

　이것이 뉴튼산의 포인트입니다. 매일 20,000원씩 줄어들기 때문에 260,000원이 들어있던 지갑의 돈이 다 떨어지기까지는 260,000 ÷ 20,000 = 13(일)이 걸립니다.

정답 13일째

어항에 물이 600L 들어 있다.

600L

1분마다 일정 L의 물을 더하고,
60L씩 물을 뺀다.

1분당 ?L

1분당 60L

15분 만에 어항 속의 물이 전부 비워졌다.
1분마다 몇 L씩 물을 더했을까?

1분당 일정한 L의 물을 더한다고 가정해 봅시다.

매분 xL 더한다

매분 60L 뺀다

마지막에는 물이 다 비워졌으므로 더해지는 물의 양보다
배출하는 물의 양이 더 많았다고 추측할 수 있음

결국 물이 전부 비워졌으므로 분마다 $(60-x)$L 줄어들고 있는 셈이지
요. 15분 동안 줄어드는 양은

$$(60-x) \times 15 (L)$$

이 값이 600L이므로

$$(60-x) \times 15 = 600$$
$$60-x = 600 \div 15$$
$$= 40$$
$$x = 60-40$$
$$= 20 (L)$$

정답 20L

개장 직전인 한 영화관 앞에
120명이 줄을 서 있었다.
개장 후에는 한 입구에서
1분마다 일정 인원씩 입장했고,
한편으로는 1분에 6명씩 줄서기에 합류했다.

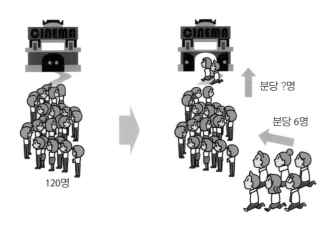

분당 ?명

분당 6명

120명

10분 후, 사람들이 모두 입장해 줄이 사라졌다.
입구에서 1분당 몇 명이 들어갔을까?

개장 후 1분당 x명이 영화관에 입장했다고 가정해 봅시다.

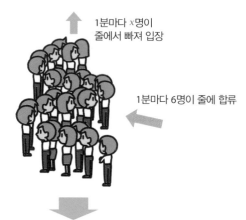

1분마다 x명이
줄에서 빠져 입장

1분마다 6명이 줄에 합류

결국에는 줄이 사라지므로, 빠지는 쪽이
더 많을 것이라 추측할 수 있음

줄을 서는 인원은 1분당($x-6$)명 줄어듭니다. 그러므로 10분 동안 줄 어드는 인원수는

$(x-6)×10$(명)

이 값이 120이므로

$$(x-6)×10=120$$
$$x-6=120÷10$$
$$=12$$
$$x=12+6$$
$$=18(명)$$

정답 18명

A씨는 하던 일을 그만두고 아르바이트하면서
새로운 직업을 찾기 위한 공부를 하려고 한다.
아르바이트를 하면
일당 60,000원의 수입을 얻을 수 있다.

60,000원

한편 학업을 병행했을 때,
생활비는 매일 75,000원이 든다.

75,000원

이 경우 저축한 돈을 찾아서 써야 하는데
300일이면 바닥이 난다.

300일 만에
텅텅!

A씨의 총 얼마를 저축해 두었을까?

p.59의 문제와 풀이법은 같습니다. 매일 생활비 명목으로 75,000 – 60,000 = 15,000(원)씩 저축액이 줄어듭니다.

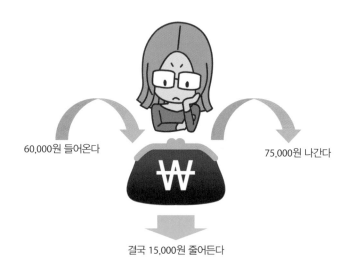

60,000원 들어온다

75,000원 나간다

결국 15,000원 줄어든다

그렇다면 300일 동안 줄어드는 액수는

15,000 × 300 = 4,500,000(원)

이것이 A씨가 모아둔 총 저축액입니다.
검산해 볼까요? 4,500,000원이 매일 15,000원씩 줄어들면
4,500,000 ÷ 15,000 = 300(일) 동안 생활할 수 있습니다. 계산이 맞았군요!

정답 4,500,000원

9

평균산

A군, B군, C군의 평균 몸무게는 61kg.
C군의 몸무게는 57kg이다.
A군과 B군의 평균 몸무게는 몇 kg일까?

이러한 계산법을 '평균산平均算'이라 부릅니다. 이 정도 수준의 문제라면 어렵지 않겠지요? '평균=합계÷개수'이므로, 평균과 개수를 알면 바로

평균×개수=합계

를 구할 수 있습니다. 이를 머릿속에 넣어둡시다.

A군, B군, C군의 평균 몸무게가 61kg이므로, 세 사람의 몸무게 합계는 쉽게 알 수 있습니다.

61×3=183(kg)입니다.

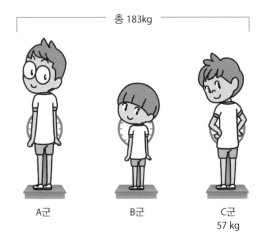

총 183kg

A군   B군   C군
                          57 kg

C군의 몸무게는 57kg이므로, 위 그림에서 A군과 B군의 합계는 183-57=126(kg)입니다.

따라서 A군과 B군의 평균 몸무게는 126÷2=63(kg)이군요.

정답 63kg

A씨와 B씨가 복권을 샀다.

당첨금은 B씨가 54,000원 더 많고,

A씨와 B씨의 평균은 123,000원이었다.

두 사람의 당첨금은 각각 얼마일까?

평균 123,000원

A씨

B씨
A씨보다 54,000원 많다

A씨와 B씨, 두 사람의 평균이 123,000원이므로 우리는 자연스럽게 합계 금액을 알 수 있습니다.

123,000×2=246,000(원)

이를 이미지화 시켜 봅시다.

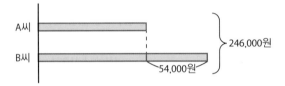

이 그림은 앞에서도 한번 등장했습니다(p.18의 합차산). 그때처럼 여분을 잘라냅니다.

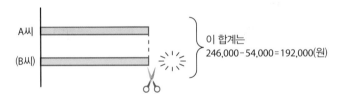

위 그림에 따라 A씨의 당첨금은

192,000÷2=96,000(원)

그리고 B씨의 당첨금은

96,000+54,000=150,000(원)

정답 A씨 96,000원, B씨 150,000원

수학 시험이 있었다.

A씨, B씨, C씨의 평균 점수는 82점.

B씨는 C씨보다 6점 높았고,

A씨는 B씨보다 3점 높았다고 한다.

C씨는 몇 점이었을까?

평균 82점

A씨
B씨보다
3점 높다

B씨
C씨보다
6점 높다

C씨

A, B, C 세 사람의 평균 점수가 82점이므로, 자동으로 세 사람의 합계 점수는 82×3=246(점)입니다.

바로 아래와 같이 그림을 그려볼 수 있습니다.

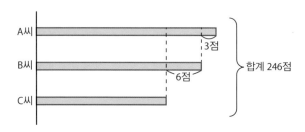

이제 C씨의 점수를 기준으로 여분을 잘라냅시다.

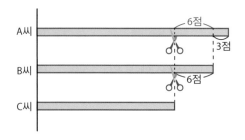

여분을 잘라내면 246-(6+3)-6=231(점)입니다.

이 값이 C씨 점수의 3배에 해당합니다. 즉 C씨의 점수는 231÷3=77(점)이군요.

정답 77점

10

공통부분이 있는 도형(기초편)

반지름이 3cm인 부채꼴과
직사각형을 겹쳐놓았다.

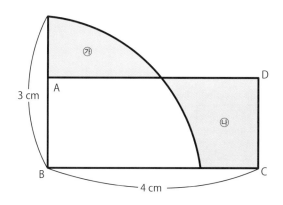

그러자 ㉮와 ㉯의 면적이 같아졌다.
선분 CD의 길이는 몇 cm일까?
단, 원주율은 3.14로 계산한다.

㉮와 ㉯의 면적이 같으므로 다음의 식이 성립됩니다.

㉮의 면적 + **공통부분의 면적** = ㉯의 면적 + **공통부분의 면적**

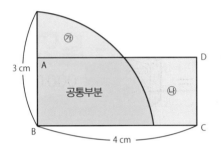

즉, 부채꼴의 면적은 직사각형의 면적과 같습니다.

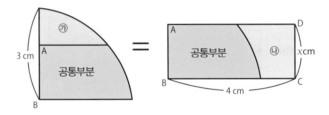

선분 CD의 길이를 $x$cm라고 가정했을 때,

$$3 \times 3 \times 3.14 \times \frac{90}{360} = 4 \times x$$
$$x = 3 \times 3 \times 3.14 \times \frac{90}{360} \div 4$$
$$= 1.76625\,(\text{cm})$$

정답 1.76625cm

지름이 12cm인 반원과
직각 삼각형을 겹쳐놓았다.

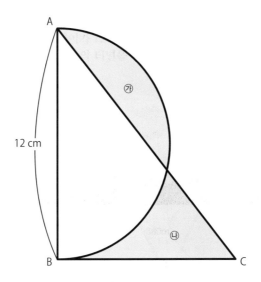

그러자 ㉮와 ㉯의 면적이 같아졌다.
선분 BC의 길이는 몇 cm일까?
단, 원주율은 3.14로 계산한다.

㉮와 ㉯의 면적이 같으므로 다음의 식이 성립됩니다.

㉮의 면적+공통부분의 면적=㉯의 면적+공통부분의 면적

따라서 반원과 직각 삼각형의 면적이 같다는 사실을 알 수 있습니다.

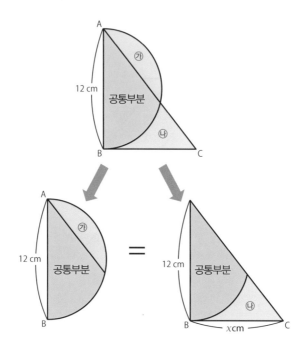

선분 BC의 길이를 $x$cm라고 하면

$$6 \times 6 \times 3.14 \div 2 = x \times 12 \div 2$$
$$x = 9.42(\text{cm})$$

정답 9.42cm

한 변의 길이가 12cm인 정사각형에
두 개의 선분을 그려,
아래 그림과 같이 네 부분으로 나누었다.

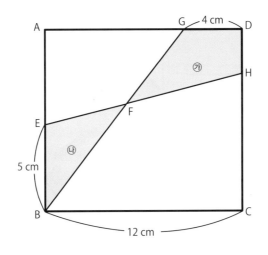

그러자 ㉮와 ㉯의 면적이 같아졌다.
선분 HC의 길이는 몇 cm일까?

㉮와 ㉯의 면적이 같으므로 다음의 식이 성립됩니다.

㉮의 면적+공통부분의 면적=㉯의 면적+공통부분의 면적

따라서 정사각형 안에 있는 두 사다리꼴의 면적이 같다는 사실을 알 수 있습니다.

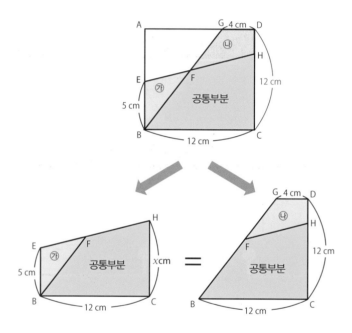

선분 **HC**의 길이를 $x$cm라고 하면

$$(5+x)\times12\div2=(4+12)\times12\div2$$

$$5+x=4+12$$

$$x=4+12-5=11(\text{cm})$$

정답 11cm

11

작업산

A씨 혼자서는 12시간,
A씨와 B씨가 함께 작업하면
4시간 만에 끝나는 일이 있다.

A씨 혼자서는 12시간

A씨, B씨가 함께 하면 4시간

이 일을 B씨가 혼자 한다면
몇 시간이 걸릴까?

B씨 혼자라면?

이러한 계산법을 '작업산作業算'이라고 부릅니다. 이 문제에서는 일을 모두 '시간'으로 나타내고 있군요. 시간을 기준으로 생각해 봅시다.

A씨는 해당 일을 12시간 만에 끝낼 수 있다고 합니다. 이는 A씨가 1시간 동안 전체 작업의 $\frac{1}{12}$을 할 수 있다는 뜻입니다. A씨와 B씨가 함께 작업하는 시간도 똑같은 방식으로 생각해 볼까요?

┌─ A씨 ─────────────┐   ┌─ A씨와 B씨 ──────────┐
│ 12시간→전체 작업   │   │ 4시간→전체 작업   │
│ 1시간→전체의 $\frac{1}{12}$ │   │ 1시간→전체의 $\frac{1}{4}$ │
└───────────────────┘   └──────────────────────┘

같은 1시간이라도 A씨와 B씨가 함께 작업하는 편이 훨씬 빠릅니다. 그리고 그 차이는 B씨가 분담한 몫이 되지요.

B씨는 1시간 동안 전체 작업의

$$\frac{1}{4} - \frac{1}{12} = \frac{3}{12} - \frac{1}{12} = \frac{2}{12} = \frac{1}{6}$$

을 해낼 수 있는 것입니다. 즉, B씨는 혼자서 6시간 만에 전체 작업을 끝낼 수 있습니다.

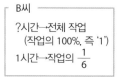

실제로 $1 \div \frac{1}{6} = 1 \times \frac{6}{1} = 6$(시간)으로 계산할 수 있습니다. 처음부터 전체 작업을 1로 잡고 풀어도 되겠지요.

정답 6시간

한 작업을 끝내는 데 다나카 씨는 60분,

야마다 씨는 30분,

야마모토 씨는 20분이 걸린다.

같은 일을 3명이 함께 하면

몇 분 만에 끝낼 수 있을까?

다나카 씨
혼자 60분

야마다 씨
혼자 30분

야마모토 씨
혼자 20분

3명이 함께 하면 몇 분이 걸릴까?

이전 문제처럼 2명이 아닌 3명이 되었지만, 전체 작업을 '1'로 두고 생각해 봅시다.

┌─다나카 씨─────────────────────────
│ 60분→ '1' 분량의 작업 1분→ '$\frac{1}{60}$' 분량의 작업
└─────────────────────────────────

┌─야마다 씨─────────────────────────
│ 30분→ '1' 분량의 작업 1분→ '$\frac{1}{30}$' 분량의 작업
└─────────────────────────────────

┌─야마모토 씨───────────────────────
│ 20분→ '1' 분량의 작업 1분→ '$\frac{1}{20}$' 분량의 작업
└─────────────────────────────────

3명이 함께 1분간 해낼 수 있는 작업량은 아래와 같습니다.

$$\frac{1}{60} + \frac{1}{30} + \frac{1}{20} = \frac{1}{60} + \frac{2}{60} + \frac{3}{60} = \frac{6}{60} = \frac{1}{10}$$

따라서 이 작업을 3명이 함께 진행하면

$$1 \div \frac{1}{10} = 1 \times \frac{10}{1} = 10 \,(분)$$

정답 10분

어떤 제품을 만드는 데 A씨 혼자서는 8시간,
B씨 혼자서는 10시간이 걸린다.

A씨 혼자 8시간   B씨 혼자 10시간

같은 제품을 만드는 데, 2명이 함께
3시간 동안 작업한 후
B씨가 혼자 나머지 일을 했다.
B씨는 혼자 몇 시간 몇 분 동안 일했을까?

A씨, B씨가 함께 3시간   B씨는 혼자 나머지 일을
                                   몇 시간 동안 했을까?

작업 전체를 '1'로 두고 다음과 같이 생각해 봅시다.

---A씨---
8시간→ '1' 분량의 작업 1시간→ '$\frac{1}{8}$' 분량의 작업

---B씨---
10시간→ '1' 분량의 작업 1시간→ '$\frac{1}{10}$' 분량의 작업

A씨와 B씨가 함께 작업을 하면 1시간 동안

$$\frac{1}{8} + \frac{1}{10} = \frac{5}{40} + \frac{4}{40} = \frac{9}{40}$$

분량의 작업을 해낼 수 있습니다. 3시간이라면

$$\frac{9}{40} \times 3 = \frac{27}{40}$$

분량의 작업이 끝나는 것이니, 나머지 일은

$$1 - \frac{27}{40} = \frac{40}{40} - \frac{27}{40} = \frac{13}{40} \text{ 이군요.}$$

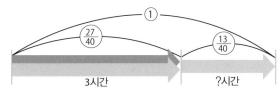

'B씨 혼자 하는 작업÷B씨가 1시간 동안 하는 작업'을 계산하면 혼자 일한 시간이 나옵니다.

$$\frac{13}{40} \div \frac{1}{10} = \frac{13}{40} \times \frac{10}{1} = \frac{13}{4} = 3\frac{1}{4} \text{ (시간)}$$

$\frac{1}{4}$ 시간은 $60 \times \frac{1}{4} = 15$(분) 이므로, 구하는 시간은 3시간 15분입니다.

정답 3시간 15분

12

공통부분이 있는 도형(응용편)

반지름이 3cm인 부채꼴과
직사각형을 겹쳐놓았다.

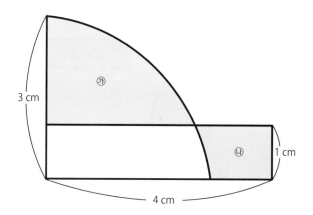

㉮와 ㉯의 면적 차이는 얼마일까?
단, 원주율은 3.14로 계산한다.

이번에도 공통부분에 주목해 봅시다.

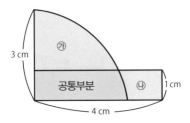

그리고 ㉮의 면적과 ㉯의 면적의 차이를 생각해 볼까요?

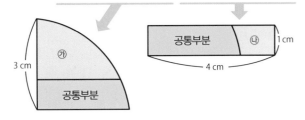

결국 이것은 부채꼴의 면적과 직사각형의 면적 차이가 됩니다. 그렇다
면 우리가 구하고자 하는 면적은 아래의 식으로 구할 수 있습니다.

$$(3 \times 3 \times 3.14 \times \frac{90}{360}) - (4 \times 1)$$

$$= 7.065 - 4$$

$$= 3.065(\text{cm}^2)$$

정답 3.065cm²

평행사변형 ABCD와
직사각형 AEFD를 겹쳐두고
선분을 그려 넣었다.

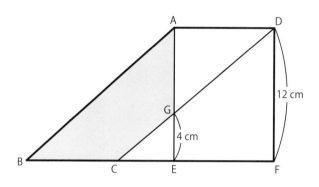

그러자 사다리꼴 ABCG의 면적이
64cm²가 되었다.
변 AD의 길이는 몇 cm일까?

평행사변형과 직사각형의 공통부분, 그리고 그 주변에 주목해 봅시다. 평행사변형과 직사각형의 면적은 선분 AD의 길이에 12cm를 곱한 것으로 모두 같습니다.

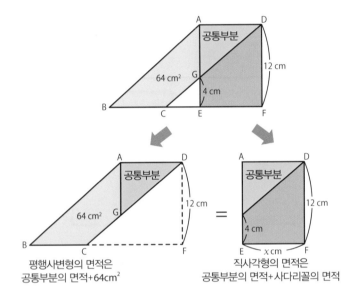

따라서 위 그림 왼쪽의 64cm²와, 오른쪽 사다리꼴의 면적도 같습니다. 문제의 변 AD의 길이와 같은 변 EF의 길이를 $x$cm라고 하면, 사다리꼴의 면적은

$$(4+12) \times x \div 2 = 64$$
$$x = 64 \times 2 \div 16$$
$$= 8 \, (\text{cm})$$

정답 8cm

부채꼴 안에 직각 삼각형 2개를 그려 넣었다.

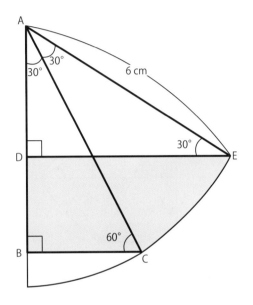

이때 파란색 부분의 면적은 얼마일까?

단, 원주율은 3.14로 계산한다.

힌트

삼각형 ABC와 삼각형 EDA는 합동이다.

(합동: 모양과 크기가 모두 같은 도형)

삼각형 ABC와 삼각형 EDA는 각각의 각도가 같습니다. 나아가 변 AC와 변 AE는 같은 부채꼴의 반지름으로서 길이가 같으므로 서로 합동(어느 한쪽을 회전·반전시키면 완전히 겹치는 도형)입니다. 따라서 당연히 면적도 똑같습니다.

삼각형 ABC의 면적 = 삼각형 EDA의 면적

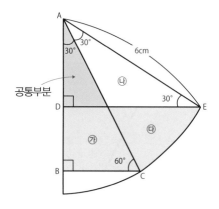

위의 식을 나누어 써보면

㉮의 면적+공통부분의 면적=㉯의 면적+공통부분의 면적

따라서 ㉮의 면적=㉯의 면적

결과적으로 파란색 부분의 면적은

㉮의 면적+㉰의 면적=㉯의 면적+㉰의 면적

이 되어, 부채꼴 ACE의 면적과 같습니다. 따라서

$6 \times 6 \times 3.14 \times \dfrac{30}{360} = 9.42 (\text{cm}^2)$

정답 9.42cm²

13

귀일산

8명이 12일이면 끝낼 수 있는 일이 있다.

이 작업에 처음 6일간은 10명이 참여하고
나머지를 9명이 진행한다고 한다.

처음 6일간만 참여

나머지 작업은 며칠 만에 완료할 수 있을까?

한 사람이 하루에 산 하나 분량의 작업을 할 수 있다고 가정해 봅시다. 8명이 일하면 하루에 산 8개, 12일 동안 일하면 8×12=96(산) 분량이 끝납니다.

10명이 6일간 일하면 하루에 산 10개, 6일이면 10×6=60(산) 분량을 작업할 수 있습니다.

즉, 96−60=36(산) 분량의 작업이 남게 됩니다. 그리고 9명이면 하루에 산 9개 분량의 일을 완료할 수 있으므로 36÷9=4(일) 만에 작업이 끝나겠군요.

한편 '8명이 12일간'이라는 조건은 '총 일수 96일' 등으로 바뀔 수 있으며, 처음에 단위가 되는 수나 양을 구해 계산합니다. 그러므로 이러한 계산법을 '귀일산歸一算'이라고도 부릅니다.

정답 4일

7명이 하루에 9시간씩
8일 만에 끝낼 수 있는 일이 있다.

이 작업에 하루에 4시간씩
7명이 6일간 참여하고, 나머지 일을
하루에 7시간씩, 6명이 진행한다고 한다.

처음 6일간만 참여

나머지 작업은 며칠 만에 완료할 수 있을까?

한 사람이 한 시간에 산 하나 분량의 일을 한다고 가정해 봅시다.

7명이 하루에 9시간씩 8일간 일하게 되면 7명이 각각 매일 산 9개 분량의 작업을 하는 셈이고, 이것이 8일간 이어지면 9×7×8 = 504(산)만큼의 분량을 작업할 수 있습니다.

 ×7×8 = 504(산)

이 작업에 하루에 4시간씩 7명이 투입됩니다. 그러므로 7명이 매일 산 4개 분량의 일을 마쳐서 6일간 4×7×6 = 168(산)만큼의 분량을 작업할 수 있습니다.

 ×7×6 = 168(산)

나머지 일은 504-168=336(산)입니다.

한편 하루에 7시간씩 6명이 일하면, 하루에 7×6=42(산) 분량의 작업이 가능합니다.

 ×6×일수=336(산)

따라서 나머지 작업은 336÷42 = 8(일) 만에 끝나는군요.

정답 8일

한 케이크 가게에서 아르바이트 직원들을 고용하고 있다.
5명이 6시간 근무했을 때 아르바이트 급여는 총 270,000원이었다.

6시간

아르바이트 직원 4명이 8시간 근무한다고 가정했을 때
아르바이트 급여는 총 얼마가 될까?
단, 시급은 모두 같다.

8시간

아르바이트 급여는 '시급×시간'으로 결정됩니다. 따라서 총시간과 총금액을 알면 시급을 알 수 있겠군요. 5명이 6시간씩 일했을 경우 총 근무 시간은 5×6=30(시간)입니다.

30시간에 270,000원이므로 시급은 270,000÷30=9,000(원)입니다.

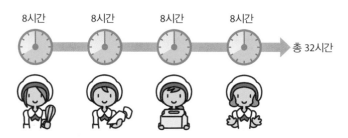

한편 4명이 8시간씩 일하면 총시간은 4×8=32(시간)입니다. 시급이 9,000원이므로, 아르바이트 급여는 총 9,000×32=288,000(원)입니다.

정답 **288,000원**

14

유수산

어떤 강을 48km 거슬러 올라가는 데
배로 8시간이 걸린다.

8시간 동안 48km

이 강물의 유속은 시속 3km이다.

1시간 동안 3km

같은 배로 이 강을 48km 내려가는 데에는
몇 시간이 걸릴까?

몇 시간 동안 48km?

힌트

만약 강물의 흐름이 없었다면?

문제에 앞서, 예를 들어 물의 흐름이 없는 연못을 시속 5km로 가는 배가 있다고 생각해 보자.

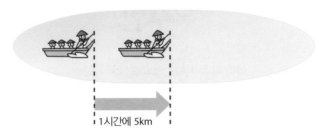

1시간에 5km

다음으로는 이 배가 시속 2km로 흐르는 강을 거슬러 올라간다고 가정해 본다.

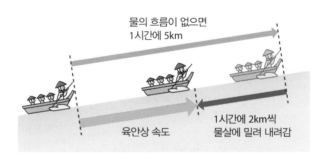

물의 흐름이 없으면
1시간에 5km

육안상 속도

1시간에 2km씩
물살에 밀려 내려감

이 경우 1시간에 5-2=3(km) 거슬러 올라가, 시속 3km가 된다.

이제 이 배가 강을 타고 내려갈 때의 시속을 생각해 보자. 여전히 강은 시속 2km로 흐르고 있다.

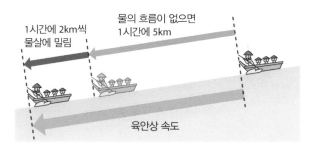

시속은 5+2=7(km)이 된다.

결국 강을 올라갈 때는 '배의 속도-강의 속도', 강을 내려갈 때는 '배의 속도+강의 속도'가 되는 것이다.

이러한 계산법을 '유수산流水算'이라고도 부른다.

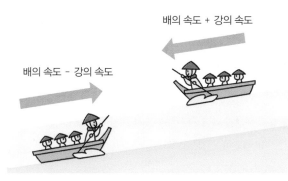

48km 올라가는 데 8시간이 걸리는 배 문제로 돌아가 봅시다. 48km 거리를 8시간 동안 이동하므로, 육안상 시속은 48÷8=6(km)입니다.

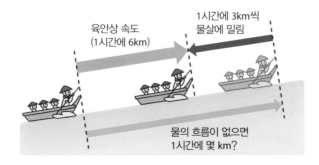

유속이 시속 3km이므로, 물의 흐름이 없을 때 배의 시속은 6+3=9(km) 입니다.

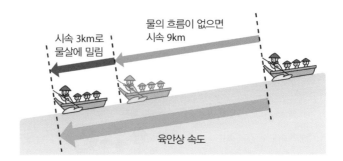

따라서 강을 내려갈 때의 시속은 9+3=12(km). 48km 내려가는 데 걸리는 시간은 48÷12=4(시간)입니다.

정답 4시간

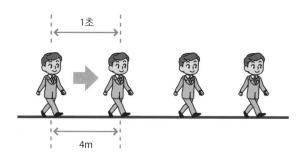

평지 길을 초속 4m로 걷는 사람이 있다.

이 사람은 120m 길이의 '무빙워크'를 이용했다.

바닥면이 움직이는 방향과 같은 방향으로 걷고,

20초 만에 통과했다.

무빙워크는 초속 몇 m로 움직이고 있을까?

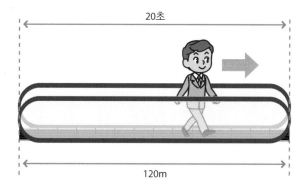

　'자동보도'라고도 불리는 무빙워크는 큰 역이나 공항에서 흔히 볼 수 있지요. 무빙워크에 올라타면 가만히 있어도 이동할 수 있고, 걸으면 그만큼 더 빨리 갈 수 있습니다. 단, 경사진 곳 등에서는 대부분 보행이 금지되어 있으므로 조심해야 합니다.

　한편 이 문제에서는 무빙워크 120m를 걸어 20초 만에 통과했으므로 육안상 초속은 120÷20=6(m)입니다.

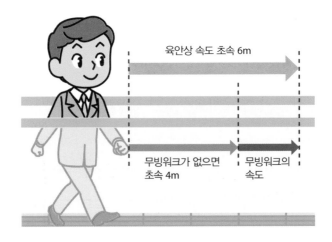

　앞쪽의 배 문제와 마찬가지로 '걷는 속도+무빙워크의 속도=육안상 속도'이므로, 무빙워크의 초속은 6-4=2(m)입니다.

정답 초속 2m

강 하류의 A지점에서
상류의 B지점까지 60km 떨어져 있다.
이 구간을 거슬러 올라가는 데 5시간,
내려가는 데 3시간이 소요된다.

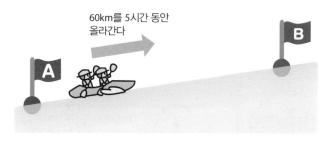

60km를 5시간 동안
올라간다

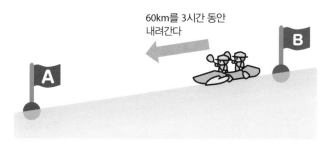

60km를 3시간 동안
내려간다

강의 유속은 시속 몇 km일까?

강을 올라갈 때의 육안상 시속은 60÷5=12(km), 내려갈 때 시속은 60÷3=20(km)입니다.

또 올라갈 때의 육안상 속도는 '배의 속도-강의 속도, 내려갈 때는 '배의 속도+강의 속도'입니다.

그림으로 정리하면 아래와 같습니다.

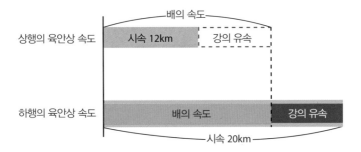

올라갈 때와 내려갈 때의 시속 차이, 20-12=8(km)은 강 유속의 2배입니다. 따라서 강의 유속은 8÷2=4(km).

검산해보면 배의 시속은 '올라갈 때의 육안상 속도+강의 유속'으로, 12+4=16(km). 강의 시속 4km를 더하면 내려갈 때의 육안상 시속 20km와 맞아떨어지는군요.

정답 시속 4km

15

시계산

5시에서 6시 사이, 긴 바늘과 짧은 바늘은
5시 몇 분에 겹쳐질까?

시계의 긴 바늘은 빠르게, 짧은 바늘은 천천히 움직입니다. 이를 이용한 문제가 바로 '시계산時計算'입니다. 긴 바늘과 짧은 바늘이 겹치는 것은 긴 바늘이 짧은 바늘에 따라붙을 때이므로, 이 문제를 풀기 위해서는 각각의 바늘이 움직이는 속도를 구하는 것이 먼저입니다.

긴 바늘은 1시간(60분)에 걸쳐 1바퀴, 즉 360° 움직입니다. 그 분속은 $360 \div 60 = 6(°)$이지요.

한편 짧은 바늘은 1시간(60분)에 $360 \div 12 = 30(°)$ 움직입니다. 그 분속은 $30 \div 60 = 0.5(°)$입니다.

5시 정각일 때 짧은 바늘은 긴 바늘의 150° 앞에 있습니다. 그 상태에서 분당 $(6-0.5)°$씩, 긴 바늘은 짧은 바늘에 가까워집니다.

그러므로 긴 바늘과 짧은 바늘이 겹치는 시간은

$$150 \div (6 - 0.5) = 150 \div 5.5$$
$$= 150 \div \frac{55}{10}$$
$$= 150 \times \frac{10}{55}$$
$$= \frac{300}{11}$$
$$= 27\frac{3}{11} \,(분\,후)$$

정답 $27\frac{3}{11}$분

2시에서 3시 사이, 긴 바늘과 짧은 바늘이
일직선이 되는 것은 2시 몇 분일까?

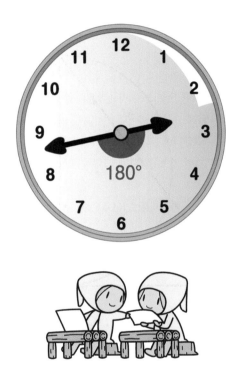

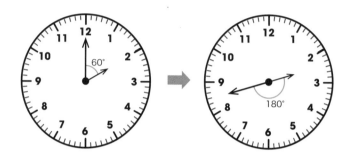

2시 정각일 때, 짧은 바늘은 긴 바늘의 60° 앞에 있습니다. 앞 문제와 마찬가지로 긴 바늘은 1분당 (6-0.5)°씩 짧은 바늘보다 빠르게 움직여 짧은 바늘을 따라잡습니다. 그리고 또다시 1분당 (6-0.5)°씩 짧은 바늘보다 빠르게 움직이며 멀어져갑니다. 그렇게 해서 일직선, 즉 180°가 되는 것입니다.

즉, (60+180)°의 차이를 1분에 (6-0.5)°씩 좁혀가는 것이지요. 이에 걸리는 시간은

$$(60+180) \div (6-0.5) = 240 \div 5.5$$
$$= 240 \div \frac{55}{10}$$
$$= 240 \times \frac{10}{55}$$
$$= 240 \times \frac{2}{11}$$
$$= \frac{480}{11}$$
$$= 43\frac{7}{11}(분)$$

정답 2시 $43\frac{7}{11}$분

4시에서 5시 사이,
긴 바늘과 짧은 바늘이 처음으로
직각이 되는 것은 4시 몇 분일까?

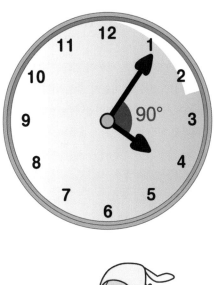

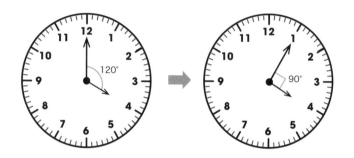

4시 정각일 때 긴 바늘과 짧은 바늘이 만드는 각도는 120°입니다. 이 각도가 90°로 바뀐다는 것은 긴 바늘이 짧은 바늘에 1분당 (6-0.5)°씩, 총 (120-90)° 가까워졌다는 것을 의미합니다.

이에 걸리는 시간은

$$(120 - 90) \div (6 - 0.5) = 30 \div 5.5$$
$$= 30 \div \frac{55}{10}$$
$$= 30 \times \frac{10}{55}$$
$$= 30 \times \frac{2}{11}$$
$$= \frac{60}{11}$$
$$= 5\frac{5}{11} (분)$$

정답 4시 $5\frac{5}{11}$분

16

직각 삼각형을 둘로 나누면

점 O는 직각 삼각형의 빗변의 중점이다.
x의 각도는?

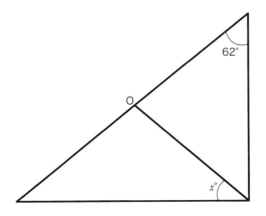

힌트

중점이란 한가운데 있는 점을 말한다.
더 정확하게 말하면 두 점에서 같은 거리에 있는 점이다.

직각 삼각형은 직사각형의 절반입니다. 또 직사각형은 대각선 2개의 길이가 같고, 이 대각선은 서로 중점에서 만나지요. 따라서 아래 그림의 노란색 삼각형은 이등변 삼각형임을 알 수 있습니다. 이등변삼각형의 밑 각은 두 개 모두 같으므로, 왼쪽 밑각도 $x°$ 입니다.

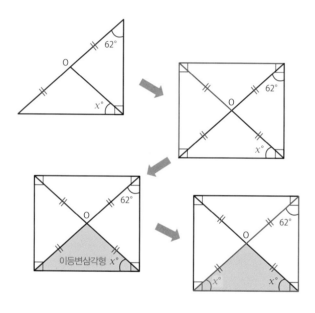

빨간색 테두리의 삼각형에서 x의 각도는

$$180 - 90 - 62 = 28(°)$$

정답 28°

O는 직각 삼각형의 빗변의 중점이다.

x의 각도는?

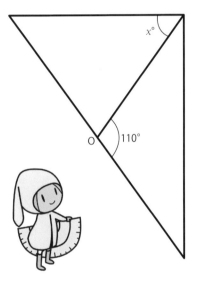

앞서 설명한 것처럼 직각 삼각형은 직사각형의 절반입니다. 이것을 기억하면서 O가 꼭짓점인 이등변삼각형에 주목해 봅시다.

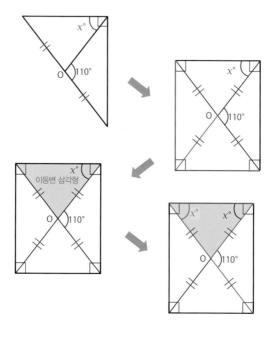

삼각형의 외각은 인접하지 않은 두 내각의 합과 같으므로(p.12)

$$x + x = 110$$
$$x \times 2 = 110$$
$$x = 110 \div 2$$
$$= 55(°)$$

정답 55°

O는 직각 삼각형의 빗변의 중점이다.

x의 각도는?

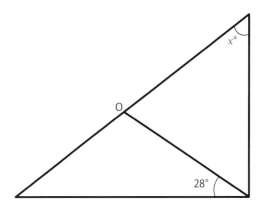

앞 문제와 마찬가지로 O가 꼭짓점인 이등변 삼각형에 주목해 봅시다.

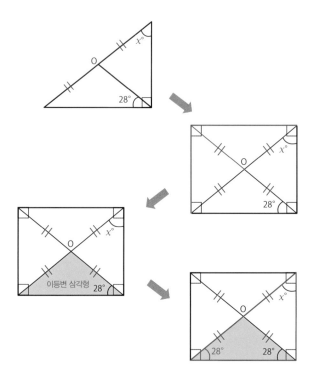

빨간색 테두리의 삼각형에서 x의 각도는

$$180 - 90 - 28 = 62(°)$$

정답 62°

17

소거산

팥빵 1개와 멜론빵 2개를 사면 2,600원,
팥빵 2개와 멜론빵 3개를 사면 4,300원이다.

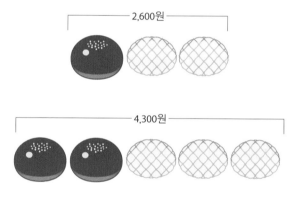

팥빵과 멜론빵, 각각 1개의 가격은?

힌트

하나의 개수를 통일시키면 알 수 있다!

두 조합을 비교하면 아래 그림과 같습니다.

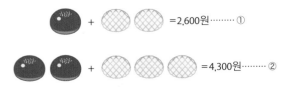

그림으로도 한눈에 잘 들어오지 않지요? 하지만 ①을 두 배로 가정하면 팥빵의 개수가 같아집니다. 멜론빵은 2×2=4(개)가 되고, 합계 금액은 2,600×2=5,200(원)입니다.

①×2와 ②를 비교해 보면 멜론빵 1개 가격을 알 수 있습니다. 5,200-4,300=900(원)이군요. 팥빵을 제거하는 방식으로 값을 구하므로, 이러한 계산법을 '소거산消去算'이라 부릅니다.

이제 멜론빵 1개의 가격을 ①에 대입하면 팥빵 1개 가격에 900×2(원)를 더한 것이 2,600원임을 알 수 있습니다.

즉, 팥빵 1개의 가격은

2,600 - 900×2 = 800(원)

정답 팥빵 800원, 멜론빵 900원

두 종류의 상품, A와 B가 있다.

A를 2개, B를 3개 사면 14,100원,

A를 3개, B를 5개 사면 22,800원이다.

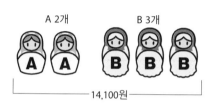

A 2개   B 3개

└──────14,100원──────┘

A 3개   B 5개

└──────22,800원──────┘

A와 B, 각각 1개의 가격은?

두 조합을 아래와 같이 그림으로 정리해 봅시다.

A의 개수를 맞추기 위해, ①을 3배, ②를 2배로 가정해 봅시다.

A×6 + B×9 = 42,300(원)········· ①×3
A×6 + B×10 = 45,600(원) ········· ②×2

①×3과 ②×2를 비교해 보면, B 1개의 가격은

45,600 - 42,300 = 3,300(원)

이를 ①에 대입하면

A×2 + 3,300×3 = 14,100
    A×2 = 14,100 - 3,300×3
       = 4,200
      A = 2,100(원)

정답 A 2,100원, B 3,300원

A군은 30,000원을 가지고 케이크 가게에 갔다.

푸딩 6개와 조각 케이크 8개를 사면
800원이 모자란다.

푸딩 8개와 조각 케이크 6개를 사면
600원이 남는다.

조각 케이크 1개의 가격은?

'30,000원으로 푸딩 6개와 조각 케이크 8개를 사면 800원이 모자란다'는 문장을 수식으로 표현해 봅시다. 여기서 'P'는 푸딩, 'C'는 케이크입니다.

$$P \times 6 + C \times 8 = 30,000 + 800$$
$$= 30,800(원) \cdots\cdots ①$$

마찬가지로 '푸딩 8개와 조각 케이크 6개를 사면 600원이 남는다'를 수식으로 정리하면

$$P \times 8 + C \times 6 = 30,000 - 600$$
$$= 29,400(원) \cdots\cdots ②$$

이 되지요. 여기서 푸딩의 개수를 맞추기 위해 ①을 4배, ②를 3배라고 가정해 봅시다.

$$P \times 24 + C \times 32 = 123,200(원) \cdots\cdots ① \times 4$$
$$P \times 24 + C \times 18 = 88,200(원) \cdots\cdots ② \times 3$$

①×4와 ②×3을 비교해 보면, 32−18=14(개)의 케이크가, 123,200−88,200=35,000(원)이라는 것을 알 수 있습니다.

따라서 케이크 1개의 가격은 35,000÷14=2,500(원)입니다.

정답 2,500원

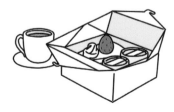

감 1개 가격으로 귤을 2개 살 수 있다.

감 2개와 귤 3개의 가격은 4,550원이다.

감과 귤, 각각 1개의 가격은?

힌트

지금까지와는 다른 방식으로
감을 제거해 보자!

주어진 정보를 수식으로 정리하면 아래와 같습니다.

감 = 귤 × 2(원)···①

감 × 2 + 귤 × 3 = 4,550(원)······②

①을 두 배로 가정해 감의 개수를 2개로 맞춰 봅시다.

감 × 2 = (귤 × 2) × 2

= 귤 × 4······① × 2

①×2를 ②에 대입한 다음,

귤 × 4 + 귤 × 3 = 4,550

귤 × 7 = 4,550

귤 = 650(원)

이 값과 ①에 따라

감 = 650 × 2

= 1,300(원)

정답 감 1,300원, 귤 650원

18

손익산

출시 가격(이하 '정가')이
60,000원인 운동화가 있다.

정가에서 10% 할인한 다음
추가로 1,200원 내린 가격으로 판매했더니
매입가(이하 '원가')에서 50%의 이익이 남았다.

이 운동화의 원가는 얼마일까?

 이러한 계산법을 '손익산損益算'이라고 부릅니다. 이익에는 다양한 계산 방법이 있는데, 손익산에서는 단순히 판매한 가격과 매입한 가격의 차액을 이익으로 간주합니다. 즉,

 이익=판매가-원가………①

로 표현할 수 있습니다. 이 중 먼저 판매가부터 생각해 봅시다. 정가 60,000원의 10% 할인은

 $60,000 \times (1-0.1)=60,000 \times 0.9(원)$

입니다. 추가로 1,200원을 깎았다고 하니 최종 판매가는

 $(60,000 \times 0.9-1,200)원………②$

이 되겠지요.

 이익, 원가에 대해서는 이러한 관계만 드러나 있습니다. 원가를 x원으로 두면 이익은 원가의 50%이므로

 $x \times 0.5(원)……③$

입니다. ①에 ②와 ③을 대입하면

$$\underbrace{x \times 0.5}_{\text{이익}}=\underbrace{(60,000 \times 0.9-1,200)}_{\text{판매가}}-\underbrace{x}_{\text{원가}}$$

$$x \times 0.5+x=54,000-1,200$$

$$x \times 1.5=52,800$$

$$x=52,800 \div 1.5=35,200(원)$$

정답 35,200원

한 구두에 원가의 120%의 이익을 기대하고 정가를 책정했다.

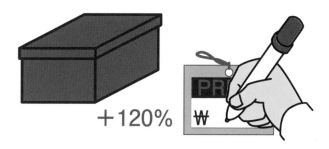

좀처럼 팔리지 않자, 정가의 55,000원 할인가로 판매했다.

표시 가격에서
55,000원 할인

할인된 가격으로도

원가의 10%에 해당하는 이익이 남았다.

이 구두의 원가는 얼마일까?

문제를 풀기에 앞서, '원가의 100% 이익을 기대하고 정가를 책정했다' 는 말의 의미를 생각해 봅시다. 이는 즉, 정가를 원가에서 100% 증가한 금액으로 설정한다는 뜻입니다. 이때 정가는 원가의 2배가 되지요.

최종적으로는 '이익=판매가-원가'의 식을 세우지만, 기본적으로는 원 가를 x원으로 둡시다.

원가의 120% 이익을 기대하고 정가를 책정했으니, 정가는 $x \times 2.2$(원) 입니다. 나아가 판매가는 정가의 55,000원 할인가이므로, $(x \times 2.2 - 55,000)$원이겠군요.

이익은 원가의 10%, 즉 $x \times 0.1$(원)으로 볼 수 있습니다.
마지막으로 아래의 식에 대입해 볼까요?

이익   판매가   원가

$$x \times 0.1 = x \times 2.2 - 55,000 - x$$

양변에서 $x \times 0.1$을 빼면

$$x \times 2.2 - 55,000 - x - x \times 0.1 = 0$$
$$x \times 1.1 - 55,000 = 0$$
$$x \times 1.1 = 55,000$$
$$x = 50,000(원)$$

정답 50,000원

매입한 자명종에 원가의 40%의 이익을
기대하고 정가를 책정했다.

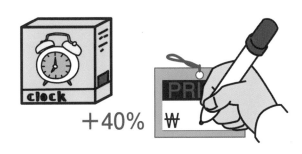

상품이 팔리지 않자,
정가에서 15% 할인된 가격으로 판매했다.

결국 2,280원의 이익이 남았다.
원가는 얼마일까?

원가를 x원이라고 하면, 정가는 원가보다 40% 높으므로

$x \times 1.4$(원)

판매가는 정가의 15% 할인 가격이라고 하니,

판매가 = 정가 $\times (1 - 0.15)$

= 정가 $\times 0.85$

= $(x \times 1.4) \times 0.85$(원)

마지막으로 아래의 식에 대입해 봅시다.

이익　판매가　원가
$2{,}280 = x \times 1.4 \times 0.85 - x$

$2{,}280 = x \times 1.19 - x$

$2{,}280 = x \times 0.19$

$x = 2{,}280 \div 0.19 = 12{,}000$(원)

정답 12,000원

중학교 시험에서는 '10%', '20%' 비율의 이익을 예상하는 문제가 출제되기도 합니다. 그러나 현실에서 그렇게 운영하는 업체는 많지 않을 것 같군요. 옷이나 잡화의 경우 대략 원가율 25%, 즉 300%의 이익을 기대하고 가격을 책정하기도 하며, 최근에는 제작 또는 판매 방식을 차별화해 원가율을 50% 내외로 설정하기도 합니다. 이 경우 높은 가성비를 자랑하지요.

19

삼각자 겹치기

삼각자 두 개를 겹쳐놓았다.

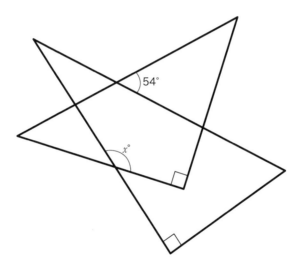

54°

$x°$

x의 각도는?

삼각자의 각도를 먼저 적고, 알 수 있는 곳부터 차례차례 구해 봅시다.

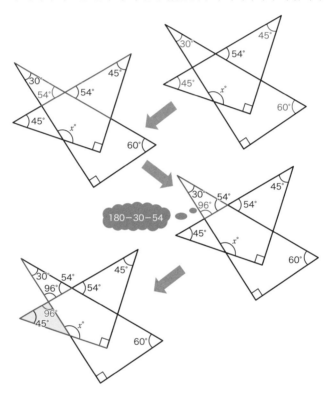

180-30-54

삼각형의 외각은 인접하지 않은 두 내각의 합과 같으므로(p.12)

$x = 96 + 45$

$\quad = 141(°)$

정답 141°

삼각자 두 개를 겹쳐놓았다.

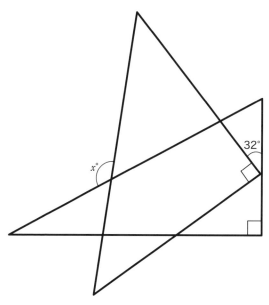

x의 각도는?

이번에도 삼각자의 각도를 먼저 적고, 알 수 있는 곳부터 차례차례 구합니다.

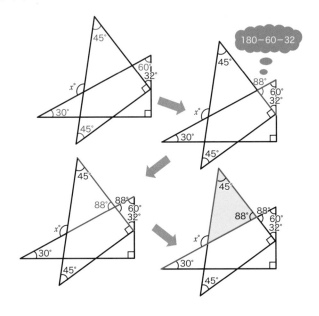

삼각형의 외각은 인접하지 않은 두 내각의 합과 같으므로(p.12)

$x = 45 + 88$

$\quad = 133(°)$

정답 133°

이러한 유형의 문제는 아주 많습니다. 삼각자를 사용해 스스로 문제를 만들어 보는 것도 재미있겠군요!

20

연령산

현재 어머니는 50세, 딸은 20세이다.

어머니와 딸의 나이 비율이
3:1이었던 것은 몇 년 전일까?

이러한 계산법은 '연령산年齡算'이라 부릅니다. 연령산의 포인트는 '나이 차이는 과거나 현재나 미래, 모두 같다'는 것이지요. 제시된 문제의 경우 엄마와 딸의 나이 차이는 50-20=30(세)로, 이는 딸이 태어났을 때부터 변하지 않았습니다. x년 전 나이의 비율이 3:1이었다고 한다면, 아래 그림과 같은 사실을 알 수 있습니다(첫 번째 그림은 머릿속에 떠올리기만 해도 좋습니다).

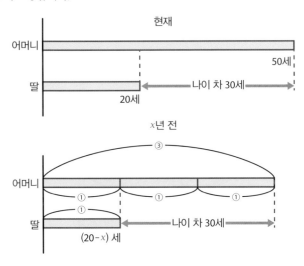

x년 전 딸의 나이에 주목하면

$$20 - x = 30 \div 2$$
$$ = 15$$
$$x = 20 - 15$$
$$ = 5(년)$$

정답 5년 전

현재 어머니는 33세, 딸은 10세이다.

어머니의 나이가 딸 나이의 2배가 되는 것은
몇 년 뒤일까?

어머니와 딸의 나이 차이는 33-10=23(세)입니다. x년 후에 나이의 비율이 2:1이 된다고 하면, 아래 그림과 같은 사실을 알 수 있습니다(첫 번째 그림은 머릿속에 떠올리기만 해도 좋습니다).

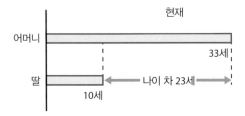

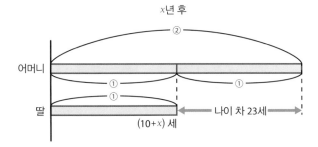

x년 후 딸의 나이에 주목하면

$$10 + x = 23$$
$$x = 23 - 10$$
$$= 13(년)$$

정답 13년 후

21

어딘가에 있는 똑같은 모양

파란색 부분이 차지한 면적의 합계는?

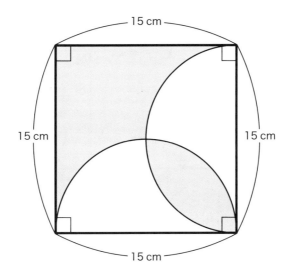

15 cm

15 cm

15 cm

15 cm

도형에 선을 두 개 그어 봅시다.

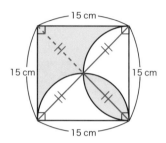

똑같은 모양이 눈에 띄지 않나요? 아래 그림과 같이 이동시켜도 면적의
합계는 같습니다. 이러한 이동을 '등적이동等積移動'이라고 부릅니다.

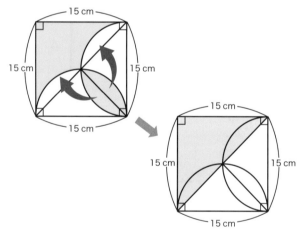

파란색 부분이 차지한 면적의 합계는

$15 \times 15 \div 2 = 112.5 (\text{cm}^2)$

정답 112.5cm²

파란색 부분이 차지한 면적의 합계는?

단, 원주율은 3.14로 계산한다.

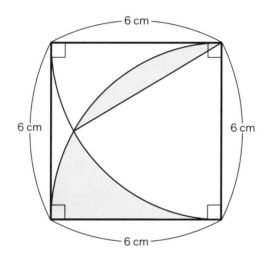

이 도형의 아래 절반 부분에도 부채
꼴의 반지름에 해당하는 6cm의 선을
그어 봅시다.

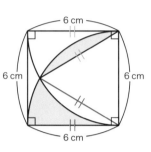

이번에도 똑같은 모양이 눈에 띄지
요? 아래 그림과 같이 이동시켜 봅시다.
파란색 부분이 차지한 면적의 합계는
반지름이 6cm인 부채꼴의 면적과 같습니다.

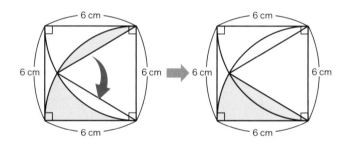

이 부채꼴 모양의 중심각은, 오른쪽
그림의 분홍색 부분이 정삼각형이므로

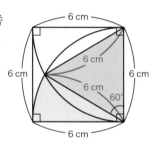

$$90-60=30(°)$$

따라서 구하는 면적은

$$6×6×3.14×\frac{30}{360}=9.42(cm^2)$$

정답 **9.42cm²**

큰 반원의 반지름은 10cm,
작은 반원의 반지름은 6cm이다.
파란색 부분이 차지한 면적의 합계는?

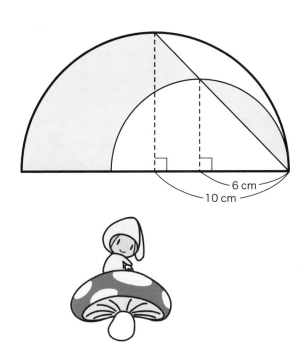

같은 모양을 이동시키면 파란색 부분은 다음과 같이 정리할 수 있습니다.

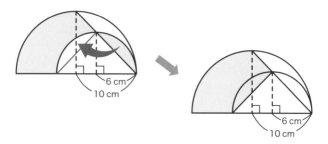

이 면적은 더한 뒤 빼는 방식(p.51)과 몇 부분으로 나누는 방식(p.50)을 활용해 구할 수 있습니다.

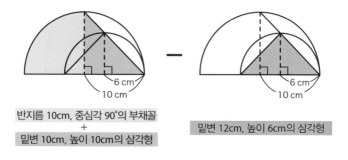

반지름 10cm, 중심각 90°의 부채꼴
+
밑변 10cm, 높이 10cm의 삼각형

밑변 12cm, 높이 6cm의 삼각형

파란색 부분 면적의 합계는

$$(10 \times 10 \times 3.14 \times \frac{90}{360} + 10 \times 10 \div 2) - 12 \times 6 \div 2$$

$$= (78.5 + 50) - 36$$

$$= 92.5 (cm^2)$$

정답 92.5cm²

22

꼭짓점을 공유하는 삼각형

삼각형을 세 부분으로 나누었다.

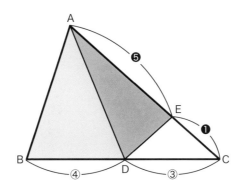

선분 길이의 비를
동그라미 숫자로 나타내고 있다.
삼각형 ABD와 삼각형 ADE의 면적비는?

꼭짓점 공유

힌트

꼭짓점을 공유하는 삼각형은 높이가 같으므로
'밑변의 비 = 면적의 비'이다.

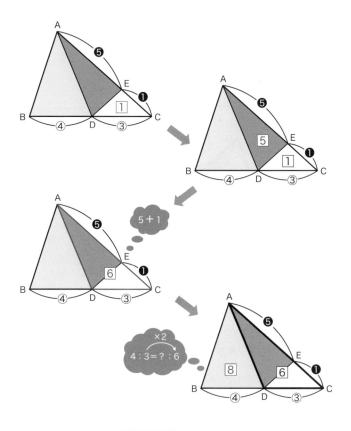

풀이

이러한 문제에서는 작은 삼각형의 면적을 $\boxed{1}$로 두고 나머지 삼각형의 면적을 비율로 생각해 보면 간단합니다.

따라서 삼각형 ABD와 삼각형 ADE의 면적비는 8:5입니다.

정답 8:5

삼각형을 세 부분으로 나누었다.

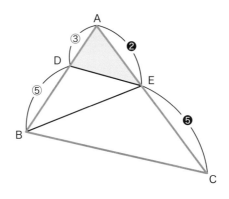

선분 길이의 비를
동그라미 숫자로 나타내고 있다.
삼각형 ADE와 삼각형 ABC의 면적비는?

삼각형 ADE가 크기는 작지만, 이를 ①로 두면 바로 분수 계산이 되어 버려 번거로워집니다. 이번에는 작은 삼각형을 ③으로 두겠습니다.

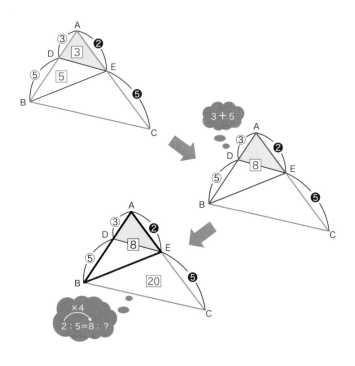

삼각형 ADE와 삼각형 ABC의 면적비는

$$3:(8+20)=3:28$$

정답 3:28

23

거짓말과 참말

빨강, 파랑, 노랑 세 개의 깃발이 있고
A, B, C 세 사람이
각각 1개씩 가지고 있다.
세 사람은 다음과 같이 이야기한다.

A
"파란색 깃발을 가지고 있어"

B
"내 깃발은 파란색이 아니야"

C
"A의 깃발은 파란색이 아니야"

세 사람 중 진실을
말하고 있는 사람은 한 명뿐이다.
과연 누구일까?

이 문제는 '논리 퍼즐'이라 부르는 수학 퍼즐의 일종입니다. 진실을 말하고 있는 사람은 한 명이기 때문에, A의 말이 진실이라면… B의 말이 진실이라면… 이렇게 차례차례 가정하며 시험해 봅니다. 이야기가 잘 맞아떨어진다면 그것이 정답입니다.

○ A만 진실을 말하고 있다면,

A "파란색 깃발을 가지고 있어" → A의 깃발은 파란색

B "내 깃발은 파란색이 아니야" → B의 깃발은 파란색

C "A의 깃발은 파란색이 아니야" → A의 깃발은 파란색이니 모순됨

○ B만 진실을 말하고 있다면,

A "파란색 깃발을 가지고 있어" → A의 깃발은 빨간색이나 노란색

B "내 깃발은 파란색이 아니야" → B의 깃발은 빨간색이나 노란색

C "A의 깃발은 파란색이 아니야" → A의 깃발은 파란색이 되는 셈이니 모순됨

○ C만 진실을 말하고 있다면,

A "파란색 깃발을 가지고 있어" → A의 깃발은 빨간색이나 노란색

B "내 깃발은 파란색이 아니야" → B의 깃발은 파란색

C "A의 깃발은 파란색이 아니야" → A의 깃발은 빨간색이나 노란색이 되는 셈이니 모순되지 않음

정답 C

개그 콘테스트에서 A, B, C 세 사람이
최우수상(1명), 우수상(1명), 특별상(1명) 중
각각 어느 하나를 수상했다.
이들은 자신의 결과에 대해 다음과 같이 이야기하고 있다.

A "최우수상도 특별상도 받지 못했다"
B "최우수상이었다"
C "우수상은 아니었다"

세 사람 중 한 명은 거짓말을 하고 있다.
이들은 각각 어떤 상을 받았을까?

이번에도 순서대로 하나씩 살펴 봅시다.

⚬ A가 거짓말을 하고 있다면,

A "최우수상도 특별상도 받지 못했다"→ 최우수상이나 특별상

B "최우수상이었다"→ 최우수상

C "우수상은 아니었다"→ 최우수상이나 특별상인 셈인데, 최우수상이
  한 명이 아니게 되어 모순됨

⚬ B가 거짓말을 하고 있다면,

A "최우수상도 특별상도 받지 못했다"→ 우수상

B "최우수상이었다" → 우수상이나 특별상

C "우수상은 아니었다"→ 최우수상 이나 특별상이 되어, ☐ 로 표시
  한 조합이 성립됨

거짓말쟁이는 B라는 것을 알았지만, 확실히 하기 위해 C의 말도 살펴
볼까요?

⚬ C가 거짓말을 하고 있다면,

A "최우수상도 특별상도 받지 못했다" → 우수상

B "최우수상이었다" → 최우수상

C "우수상은 아니었다" → 우수상이라면, A의 우수상에 모순됨

정답 A 우수상, B 특별상, C 최우수상

24

식목산

어떤 연못 주위에 5m 간격으로 나무를 심었을 때와
3m 간격으로 심었을 때,
그 개수는 30그루 차이가 난다.
이 연못 둘레의 길이는 몇 m일까?

이 문제는 '식목산植木算'의 일종입니다. 간단한 예를 떠올리거나 그림을 그려서 규칙성이 있는지 살펴봅시다. 이 문제에서는 5와 3의 최소공배수가 15이므로, 둘레 길이 15m의 연못을 생각해 보도록 하지요.

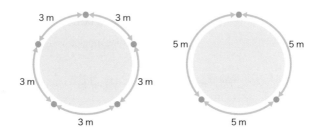

이때 나무 개수의 차이는, (15÷3)−(15÷5)=2(그루)입니다. 둘레 길이가 30m인 연못이라면, (30÷3)−(30÷5)=4(그루) 차이가 납니다. 따라서 문제의 연못 둘레 길이를 xm라고 가정하면

$$(x \div 3) - (x \div 5) = 30$$
$$x \times \frac{1}{3} - x \times \frac{1}{5} = 30$$
$$x \times \left(\frac{1}{3} - \frac{1}{5}\right) = 30$$
$$x \times \left(\frac{5}{15} - \frac{3}{15}\right) = 30$$
$$x \times \frac{2}{15} = 30$$
$$x = 30 \div \frac{2}{15}$$
$$= 30 \times \frac{15}{2}$$
$$= 225 (\text{m})$$

정답 225m

길이 8cm의 종이테이프를 여러 장 만들고
양 끝 1cm에 풀을 발라 연결했더니,
총 204cm가 되었다.
종이테이프를 전부 몇 장 사용했을까?

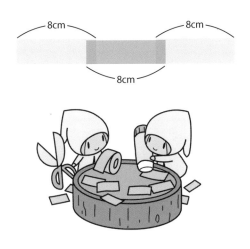

이번에도 1장, 2장… 등 단순한 예를 생각하며 규칙성을 찾아봅시다.
1장일 때는 8cm입니다.

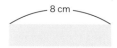

2장이 되면 (8-1)cm 늘어납니다. 길이는 (8+7)cm가 되겠지요

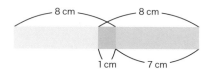

3장일 때는 (8+7×2)cm

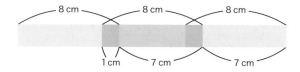

x장일 때 204cm라고 한다면

$$8 + 7 \times (x - 1) = 204$$
$$7 \times (x - 1) = 204 - 8$$
$$= 196$$
$$x - 1 = 196 \div 7$$
$$= 28$$
$$x = 29\,(장)$$

정답 29장

바깥지름이 7cm이고
두께가 1cm인 링이 있다.

바깥지름 7cm

두께 1cm

아래 그림과 같이 링을 30개 연결하면
전체 길이는 몇 cm가 될까?

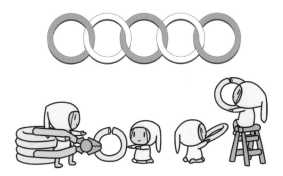

링이 1개, 2개··· 늘어나면 어떻게 될지 생각해 봅시다. 먼저 두 개를 연결해 볼까요?

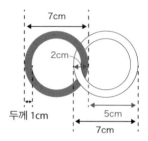

빨간색 부분의 길이를 알 수 있으므로 전체 길이는 (7+5)cm입니다. 이번에는 세 개를 연결해 볼까요?

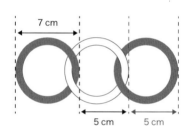

전체 길이는 (7+5×2)cm입니다. 이제 규칙성이 보이시나요? 링이 30개일 경우,

$$7+5×(30-1)=152(cm)$$

정답 152cm

25

방진산

136개의 말뚝을 사용해
일정 부지를 둘러싼다고 해보자.

아래 그림처럼 정사각형 모양으로 말뚝을 박는다.
이때 정사각형의 한 변에는
몇 개의 말뚝이 박히게 될까?

이러한 계산법을 '방진산方陣算'이라 부릅니다. 이번에도 단순한 예로 먼저 그 구조를 파악할 수 있습니다. 한 변의 개수가 3개인 경우를 생각해 볼까요?

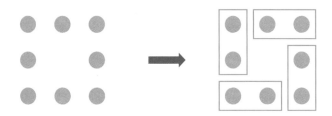

위 그림의 오른쪽처럼 세면 간단합니다. 전체 개수는

$$(3-1) \times 4 = 8(개)$$

한 변의 개수보다 하나 적은 덩어리가 4개 있다고 보는 것입니다. 마찬가지로 전체 개수가 136개일 때에 대해서도 생각해 봅시다. 한 변의 개수가 x개라고 하면

$$(x-1) \times 4 = 136$$
$$x - 1 = 136 \div 4$$
$$= 34$$
$$x = 35(개)$$

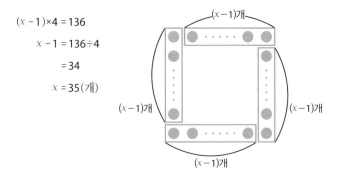

정답 35개

바둑알을 아래 그림과 같이 나열했다.
가운데를 비우고 그 공간을
두 줄로 둘러싸도록 했다.
바깥쪽 한 변에 있는 바둑알의 수가 30개일 때,
전체 바둑알 수는 총 몇 개일까?

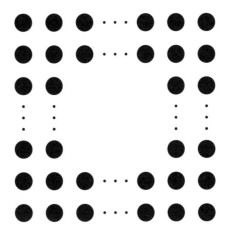

두 줄로 되어 있으니, 앞 문제보다 더 많은 개수를 예로 들어야겠군요. 바깥쪽 한 변에 있는 바둑알이 6개일 경우, 아래 그림과 같습니다.

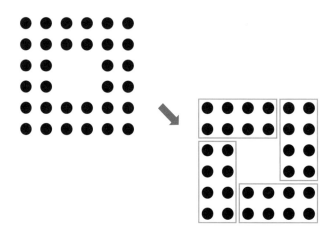

4개의 덩어리가 있고, 덩어리 하나의 개수는 (6-2)×2로 구할 수 있습니다. 따라서 총개수는

(6-2)×2×4=32(개)

마찬가지로 바깥쪽 한 변에 있는 바둑알의 수가 30개일 경우, 총개수는

(30-2)×2×4=224(개)

정답 224개

집에 있는 납작 구슬을 바닥에 깔아
정사각형을 만들었다.
어떠한 크기의 정사각형까지 만들었을 때,
구슬이 15개 남았다.

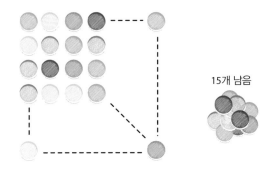

15개 남음

구슬 12개를 더 사오면
가로, 세로 모두 한 줄씩 많은
정사각형이 만들어진다.
구슬은 총 몇 개일까?

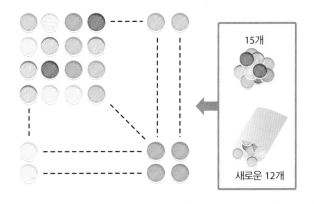

15개

새로운 12개

가로, 세로 각각 한 줄씩 많은 정사각형을 만들 때 필요한 구슬 개수를 아래의 간단한 예로 생각해 봅시다.

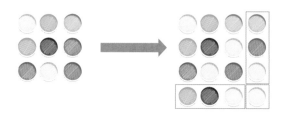

한 변에 납작 구슬이 3개인 정사각형을 4개인 정사각형으로 만들기 위해서는 (3×2+1)개가 필요하다는 사실을 알 수 있습니다. 또 문제를 잘 살펴보면 가로와 세로에 한 줄씩 구슬을 추가해 큰 정사각형을 만들기 위해서는 새로 사 온 구슬 12개와 남아 있던 구슬 15개, 15+12=27개가 필요하다고 합니다. 따라서 기존 정사각형의 한 변을 채운 구슬 개수를 x라고 하면

$$x \times 2 + 1 = 27$$
$$x \times 2 = 27 - 1$$
$$= 26$$
$$x = 26 \div 2$$
$$= 13(개)$$

한 변에 구슬이 13개인 정사각형이 만들어집니다. 구슬은 15개가 남았으니 납작 구슬의 개수는

$$13 \times 13 + 15 = 184(개)$$

정답 184개

도형을 접으면

직사각형을 아래와 같이 대각선으로 접었다.
x의 각도는?

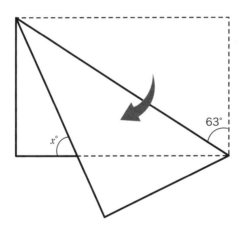

접어서 생긴 두 도형은 합동이므로 대응하는 모서리가 같습니다. 알 수 있는 부분부터 써넣어 볼까요?

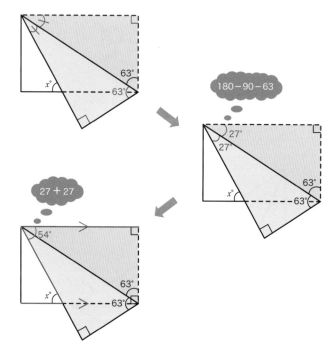

직사각형의 마주 보는 변은 평행하고, 평행선의 엇각(서로 반대쪽에서 상대하는 각)은 같으므로

$x = 54(°)$

정답 54°

직사각형을 아래와 같이 대각선으로 접었다.
x의 각도는?

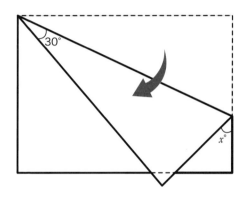

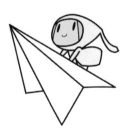

이번에도 접어서 생긴 두 도형은 합동이므로, 알 수 있는 부분부터 써 넣어 봅시다.

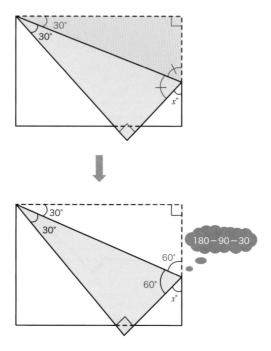

180 − 90 − 30

직선의 각도는 $180°$ 이므로

$x = 180 - 60 - 60 = 60(°)$

정답 60°

정삼각형을 아래와 같이 접었다.
x와 y의 각도는 각각 몇 도일까?

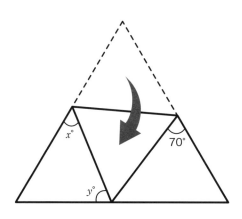

우선 각도가 $60°$인 곳이 네 군데 보이는군요. 이를 먼저 써넣고, 알 수
있는 곳부터 구해 봅시다.

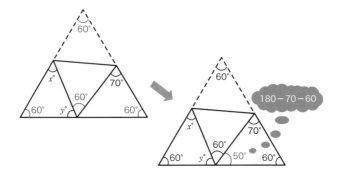

이제 y의 각도를 구할 수 있습니다. 직선의 각도는 $180°$이므로

$y = 180 - 60 - 50$
$\quad = 70(°)$

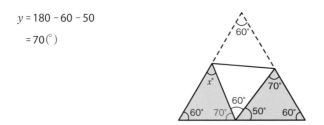

이어서 왼쪽 아래에 생긴 삼각형(분홍색 부분)에 주목하면 x의 각도도
알 수 있습니다. 같은 각도의 삼각형(연두색 부분)이 있으므로 계산하지
않아도 되겠지요. x의 각도는 $50°$입니다.

정답 x의 각도 $50°$, y의 각도 $70°$

27

형태가 바뀌어도 같은 것

파란색 부분의 면적은?

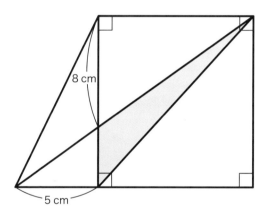

8 cm

5 cm

이 도형을 잘 살펴봅시다. 아래 그림에서 빨간색 테두리의 삼각형과 초록색 테두리의 삼각형은 밑변을 공유하고 있으며, 높이도 같습니다. 즉 면적이 똑같다는 의미입니다. 이렇게 면적 크기는 같고 형태만 바뀌는 것을 '등적변형等積變形'이라고 부릅니다.

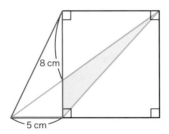

또한 공통부분이 있으므로, 아래 그림의 분홍색 부분과 파란색 부분의 면적은 같다는 점을 알 수 있습니다.

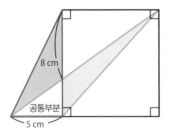

구하는 면적은 분홍색 부분의 면적과 같으므로

$8 \times 5 \div 2 = 20 (cm^2)$

정답 20cm^2

파란색 부분의 총면적은?

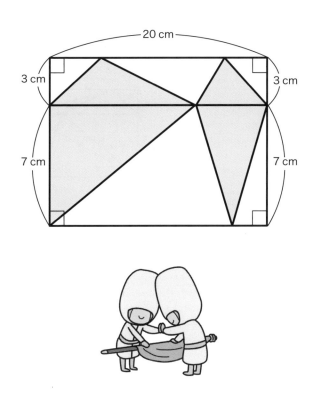

이번에는 선을 그려 넣어 밑변과 높이의 길이는 같게, 즉 면적은 그대로 유지하면서 삼각형의 모양만 바꿔 봅시다.

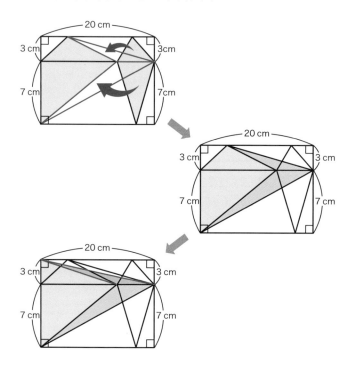

구하는 값은 색깔로 표시된 부분의 면적이므로

$(3+7) \times 20 \div 2 = 100 (cm^2)$

정답 100cm^2

파란색 부분의 면적은?

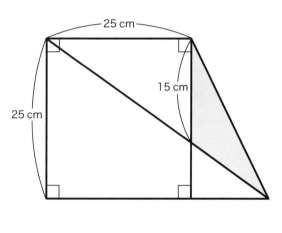

이 문제는 아래 그림처럼 보조선을 더하면 간단하게 풀 수 있습니다.

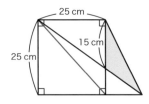

이는 p.172와 마찬가지로, 아래 그림의 빨간색 테두리 부분과 초록색 테두리 부분의 면적이 같으므로 분홍색 부분의 면적이 파란색 부분의 면적과 같다는 사실을 알 수 있습니다.

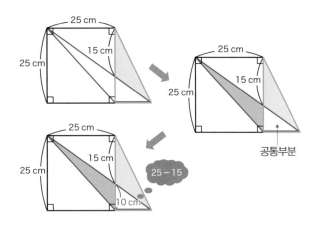

구하는 면적은

$10 \times 25 \div 2 = 125 \, (\text{cm}^2)$

정답 125cm²

깜짝 챌린지

현재 누나의 저축액은 90,000원,
동생의 저축액은 60,000원이다.

앞으로 누나는 매달 4,000원씩 모으고,
동생은 6,000원씩 모으기로 했다.

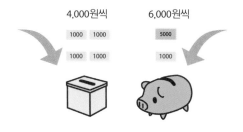

누나와 동생의 저축액은 몇 개월 후에 같아질까?

현재 저축액은 누나가 동생보다 많고, 90,000-60,000=30,000(원)의 차이가 나는군요.

앞으로 매달 동생이 누나보다 돈을 더 많이 모아 둘의 저축액이 같아진다는 것은, 동생이 누나를 따라잡아 30,000원의 차이를 좁힌다는 뜻입니다.

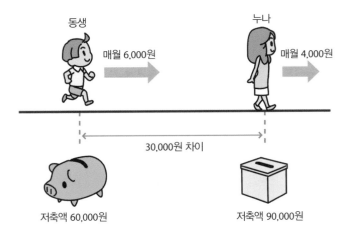

매월 6,000-4,000=2,000(원)씩 차이를 좁혀나가므로, 30,000÷2,000=15(개월) 후에 저축액이 같아지는군요!

정답 15개월 후

24g의 소금으로 10%의 식염수를 만들려면
몇 g의 물이 필요할까?

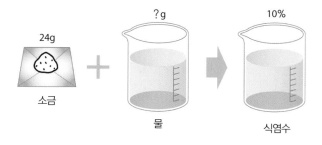

24g
소금

?g
물

10%
식염수

힌트

소금이 물에 녹아 보이지 않기 때문에
알기 어려울 뿐이다!

문제를 조금 바꿔 말하면, 완성된 식염수의 10%가 소금이고 그것이 24g이라는 의미입니다. 실제로는 녹아 섞여버리지만, 식염수의 성분을 아래 그림과 같이 나타낼 수 있습니다.

그림을 보면 소금과 물의 합계는 24g의 10배, 즉 240g이라는 것을 알 수 있습니다. 따라서 물의 무게는 (240-24)g입니다. 명확한 계산을 위해 식을 만들어 볼까요?

물을 xg라고 하면

$$(24 + x) \times \frac{10}{100} = 24$$
$$24 + x = 24 \div \frac{10}{100}$$
$$= 240$$
$$x = 240 - 24$$
$$= 216(g)$$

정답 216g

크기가 다른 정사각형 2개를 나열했다.
파란색 부분의 전체 면적은?

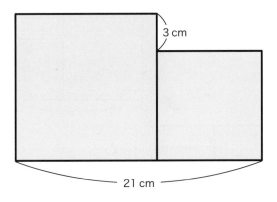

힌트
어떠한 도형을 더하면 알 수 있다!

길이를 구하기 위해 선을 추가로 그려 봅시다.

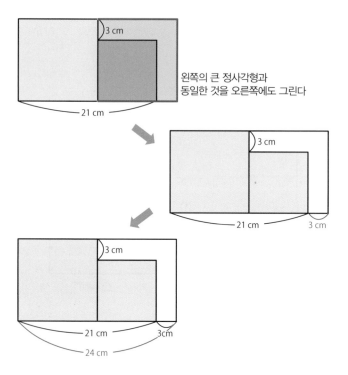

위 그림에서 큰 정사각형의 한 변은 24÷2=12(cm). 따라서 작은 정사 각형의 한 변은 12-3=9(cm)

파란색 부분의 전체 면적은

$12×12 + 9×9 = 225(cm^2)$

정답 225cm²

한 학교에서 남학생은 전체 학생의 $\frac{3}{7}$이다.

그중 72명이 운동부에 소속되어 있다.

이는 남학생의 $\frac{3}{5}$에 해당한다.

이때, 전체 학생은 몇 명일까?

문제만 읽으면 까다로운 듯하지만, 선분으로 그리면 쉽게 그 계산법을 파악할 수 있습니다.

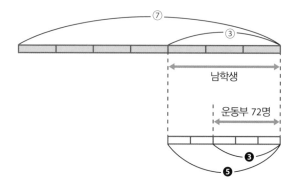

전체 학생 수는 알지 못하므로 x명이라고 가정합니다. 그러면 남학생은 $x \times \dfrac{3}{7}$(명), 그중 $\dfrac{3}{5}$이 운동부 소속으로, 72명이라는 뜻이 됩니다. 이를 수식으로 정리하면

$$
\begin{aligned}
(x \times \tfrac{3}{7}) \times \tfrac{3}{5} &= 72 \\
x \times \tfrac{9}{35} &= 72 \\
x &= 72 \div \tfrac{9}{35} \\
&= 72 \times \tfrac{35}{9} \\
&= 280 \,(명)
\end{aligned}
$$

정답 280명

아래 그림에서 부채꼴 안에는
정사각형이 들어 있고,
이 정사각형 안에는 한 변을 반지름으로 하는
또 하나의 작은 부채꼴이 들어 있다.

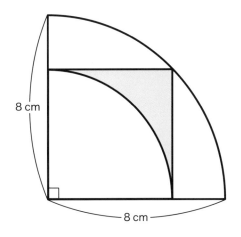

8 cm

8 cm

파란색 부분의 면적은 몇 cm²일까?
단, 원주율은 3.14로 계산한다.

안에 들어 있는 정사각형의 한 변의 길이를 알면 좋겠으나, 그건 어렵습니다. 하지만 정사각형 면적은 알 수 있겠지요.

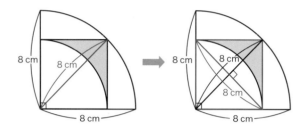

위 그림에 따라 '대각선의 길이×대각선의 길이÷2'로,

$$8 \times 8 \div 2 = 32 (\text{cm}^2)$$

가 되며, 이는 '정사각형 한 변의 길이×정사각형 한 변의 길이'와 같습니다. 정사각형 한 변의 길이를 a라고 하면

$$a \times a = 32 (\text{cm}^2) \cdots\cdots ①$$

파란색 부분의 면적은 '한 변이 a인 정사각형 - 반지름이 a인 부채꼴'로,

$$a \times a - a \times a \times 3.14 \times \frac{90}{360}$$

으로 표현할 수 있겠군요. 여기에 ①을 대입해

$$32 - 32 \times 3.14 \times \frac{90}{360}$$
$$= 6.88 (\text{cm}^2)$$

정답 6.88cm²

KAIKAN SUGAKU DRILL

하루 한 권, 수학 챌린지

초판 인쇄 2023년 05월 31일
초판 발행 2023년 05월 31일

지은이 마지 슈조
옮긴이 원지원
발행인 채종준

출판총괄 박능원
국제업무 채보라
책임편집 권새롬·김민정
디자인 김예리
마케팅 문선영·전예리
전자책 정담자리

브랜드 드루
주소 경기도 파주시 회동길 230 (문발동)
투고문의 ksibook13@kstudy.com

발행처 한국학술정보(주)
출판신고 2003년 9월 25일 제406-2003-000012호
인쇄 북토리

ISBN 979-11-6983-278-6 04400
     979-11-6983-178-9 (세트)

드루는 한국학술정보(주)의 지식·교양도서 출판 브랜드입니다.
세상의 모든 지식을 두루두루 모아 독자에게 내보인다는 뜻을 담았습니다.
지적인 호기심을 해결하고 생각에 깊이를 더할 수 있도록, 보다 가치 있는 책을 만들고자 합니다.